CONTENTS

表紙/扉デザイン：ナカヤ デザインスタジオ(柴田 幸男)
本文イラスト：神崎 真理子

JN102316

第4部　カメラ＆ネットワーク入門

第5部　ラズパイの実用的プログラミング

▶本書を読んでさっそく体験したい読者も多いと思います．参考までに，本書のWebページ（https://www.cqpub.co.jp/trs/trsp163.htm）から，ソース・コードがダウンロードできます．

No.163

ハードを動かすメカニズム理解！ ネットワーク&カメラまで

ラズパイI/O制御 図解 完全マスタ

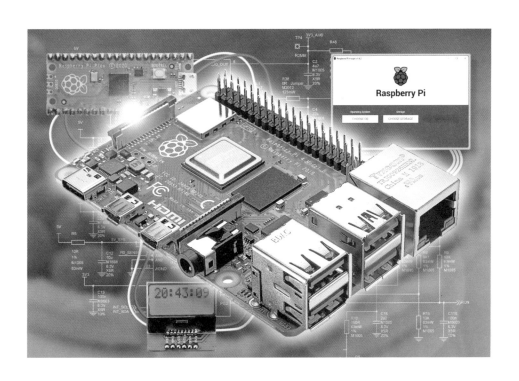

CQ出版社

トランジスタ技術 SPECIAL

No.163

ハードを動かすメカニズム理解！ ネットワーク＆カメラまで

ラズパイI/O制御 図解 完全マスタ

永原 柊 著

Introduction 1　世界中で使われているラズベリー・パイ大図鑑

定番コンピュータ・ボード 「ラズパイ」の世界

永原 柊　Shu Nagahara

定番ラズベリー・パイ 4 モデル B

写真1　ラズベリー・パイ4モデルB

表1　ラズベリー・パイ 4 モデルBの主な仕様

項目	値など	項目	値など
SoC	BCM2711	有線LAN	10/100/1000
CPU	Cortex‐A72	Wi‐Fi	IEEE 802.11
コア数	4		b/g/n/ac
クロック	1.5 GHz		2.4/5 GHz
RAM	1, 2, 4, 8 G バイト	Bluetooth	○
ストレージ	microSD	カメラ	MIPI CSI‐2
USB 2.0/3.0	2/2	ディスプレイ	MIPI DSI
GPIO	40 ピン	HDMI	Micro×2

　ラズベリー・パイ(Raspberry Pi, ラズパイ)は教育目的で開発された，世界中で使われているコンピュータ・ボードです．その中でラズパイ4Bは，初代モデルBからB＋，2B，3B，3B＋と続いている，モデルB系列の最新版です(2023年執筆時点)．高性能化により，組み込み用途だけでなく，パソコンとしても十分使えるようになった，といえます．特に教育用途であれば，何の問題もないでしょう．本書でもこのボードを使用しています．外観を**写真1**に，主な仕様を**表1**に示します．

　ラズパイ4Bは，従来のものに比べてさまざまな点で改良が加えられています．

▶高性能化

　SoCが変更され，CPUがCortex‐A72ベースになり，クロックも高速化しています．

▶RAM容量のバリエーション化

　RAMはラズパイ2以降1Gバイトしか選択肢がありませんでしたが，ラズパイ4Bでは1Gバイト，2Gバイト，4Gバイト，8Gバイトが用意されました．

▶USB 3.0対応

　USBコネクタは1B以降変わらず4個ですが，4Bではそのうち2個がUSB 3.0対応になっています．

▶ディスプレイ2系統化

　ラズパイ4Bで初めてディスプレイ・コネクタが2系統用意され，しかも解像度は4Kに対応しました．ただし2台のディスプレイで同時に4K表示すると，リフレッシュ・レートは30 Hzになります．また，小型化のためHDMI Microコネクタに変更されました．

▶有線イーサネットの高速化

　ギガビット・イーサネットに本格的に対応しました．2Bまでは100 Mbps対応でした．ラズパイ3B＋はギガビット・イーサネットに対応していましたが，ハードウェアの制約でスループットは300 Mbpsが上限でした．ラズパイ4Bではその制約がなくなっています．

▶電源コネクタがUSB Type‐Cに変更

　電源は従来のUSB Micro‐Bコネクタに代わってUSB Type‐Cコネクタになり，スマートフォンの充電器などを流用しやすくなっています．

細かいバージョンを入れるともっと種類があるのですが，
ここでは主要なものに絞りました．

小型系列 ラズベリー・パイZero 2 W

2023年執筆時点で最後に発売されたラズパイで，小型のZero系列です．外観を**写真2**に，主な仕様を**表2**に示します．

Zero Wと同じ無線機能を搭載したまま，SoCをRP3A0というカスタム品に変更しました．このSoCのCPUは，ラズパイ3A+と同じ4コアのCortex-A53に強化されています．CPUクロックは1GHzです．RAM容量は512MバイトでラズパイZero W

写真2　ラズベリー・パイZero 2 Wの外観

から変更ありません．このように書くと，ラズパイZero Wとの違いが小さいように思うかもしれません．しかしZero Wは2012年の初代ラズパイと同じSoCを使っているので，性能が低く抑えられています．

それに対してZero 2 WではSoCを更新することで，少々重い処理でも実用的な性能で実行できます．公式サイトには，若干宣伝文句のようですが，Zero Wより5倍高速化したという記述があります．

表2　ラズベリー・パイ Zero 2Wの主な仕様

項目	値など	項目	値など
SoC	BCM2710A1	有線LAN	-
CPU	Cortex-A53	Wi-Fi	IEEE 802.11
コア数	4		b/g/n
クロック	1 GHz		2.4 GHz
RAM	512 Mバイト	Bluetooth	○
ストレージ	microSD	カメラ	MIPI CSI-2
USB 2.0/3.0	1/-	ディスプレイ	-
GPIO	40 ピン	HDMI	ミニ

ラズパイという名のマイコン・ボード Pico

ラズベリー・パイという名前は付いていますが，Linuxは動かず，純然たるマイコン・ボードです（**写真3**，**表3**）．マイコン・ボードとしてはシンプルな作りで，この半導体不足の状態でも入手は容易です．

ラズベリー・パイ財団が新たに開発した，RP2040

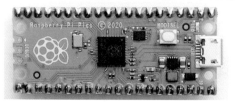

写真3　ラズベリー・パイPicoの外観

というマイコンを搭載しています．CPUは2コアのArm Cortex-M0+です．RP2040単体でも販売されています．

表3　ラズベリー・パイ Picoの主な仕様

項目	値など	項目	値など
SoC	RP2040	GPIO	40 ピン
CPU	Cortex-M0+	有線LAN	-
コア数	2	Wi-Fi	-
クロック	133 MHz	Bluetooth	-
RAM	264 Kバイト	カメラ	-
ストレージ	2 Mバイト	ディスプレイ	-
USB 2.0/3.0	1/-	HDMI	-

Wi-Fi付き Pico W

PicoにWi-Fi（2.4 GHz 802.11 n）を追加したボードです．外観を**写真4**に，主な仕様を**表4**に示します．

Wi-Fi搭載以外には，Picoと大きな違いはありません．ただし，2023年執筆時点では，入手できるボードには技適表示がありません．このボードのWi-Fiを

写真4　ラズベリー・パイPico Wの外観

使う場合は電波暗室内で動かすか，特例制度を使うなどの対策が必要です．

表4　ラズベリー・パイ Pico Wの主な仕様

項目	値など	項目	値など
SoC	RP2040	GPIO	40 ピン
CPU	Cortex-M0+	Wi-Fi	IEEE 802.11 n
コア数	2		2.4 GHz
クロック	133 MHz	Bluetooth	-
RAM	264 Kバイト	カメラ	-
ストレージ	2 Mバイト	ディスプレイ	-
USB 2.0/3.0	1/-	HDMI	-
有線LAN	-		

ラズパイの世界

ハード＆ソフト

Ｉ／Ｏ制御の基本

よく使うＩ／Ｏ

カメラ＆ネット

実用的に動かす

キーボード一体型　ラズベリー・パイ400

　ラズパイ4Bをベースに，キーボード一体型にしてパソコンとして販売しているモデルです．何も知らなければ，単なる小型キーボードと誤解するかもしれません［**写真5(a)**］．筐体が大きいので，内部の基板には余裕があります．主な仕様を**表5**に示します．

　ラズパイ4Bと比較して，次のような点が異なります．

▶形状

　説明するまでもありませんが，キーボード一体型なので，組み込み用途には向きません．コネクタは背面にまとめられています［**写真5(b)**］．40ピンGPIOヘッダはそのままですが，向きの関係で取り付けが難しいHATがあるかもしれません．逆に，ラズパイ400向けのHATもあります．

▶性能

　ラズパイ4Bに比べてCPUの動作周波数が向上しています．RAM容量は，ラズパイ4Bとは異なり，4Gバイトだけが用意されています

▶コネクタ

　USB 2.0のポートがラズパイ4Bに比べて1つ減っています．これは，USB 2.0のポート1つをUSBキーボードに内部的に割り当てた結果，外部に出ているコネクタが1つ減ったイメージだと思います．また，3.5mm 4極ジャック，カメラ(CSI)，ディスプレイ(DSI)コネクタはありません．なお，イーサネット・コネクタの右側の穴は盗難防止用のワイヤ取り付け穴です．

　マウスとスマートフォンの充電器を用意すれば，家庭のテレビのHDMIコネクタにつなぐだけで，そのままパソコンとして利用できそうです．教育用であれば全く問題ないでしょう．ラズベリー・パイ財団が目指した，教育用コンピュータの普及に近づいた感じです．

　ラズパイ400単体だけでなく，パソコンとして使うために必要な物をそろえた，Raspberry Pi 400 Personal Computer Kitも販売されています．

　なお，この形状で問題なければ，ラズパイ4Bの代用としても使えます．半導体不足にもかかわらず比較的入手しやすく，この原稿を書いている時点でも購入可能なのも良い点です．

（a）外観はほぼキーボード

（b）背面にコネクタが付いている

写真5　ラズベリー・パイ400の外観

表5　ラズベリー・パイ400の主な仕様

項目	値など	項目	値など
SoC	BCM2711	有線LAN	10/100/1000
CPU	Cortex-A72	Wi-Fi	IEEE 802.11
コア数	4		b/g/n/ac
クロック	1.8 GHz		2.4/5 GHz
RAM	4 Gバイト	Bluetooth	○
ストレージ	microSD	カメラ	-
USB 2.0/3.0	1/2	ディスプレイ	-
GPIO	40ピン	HDMI	Micro×2

組み込み専用ラズパイ　Compute Module 4

　ラズパイ4Bをベースとしたモジュールです．Compute Moduleは，以下，CMと省略します．外観を**写真6**に，主な仕様を**表6**に示します．

　使用しているSoCはラズパイ4Bと同じです．RAMやeMMCの容量にはバリエーションがあります．

　また，無線機能についてもオプションで選べます．

**写真6
Compute
Module 4の
外観**

　無線機能ありの場合，基板上にもアンテナが用意されており，外付けアンテナを取り付けるコネクタもあります．なお，CM3+までと同じ形状のCM4Sというモジュールもあるようですが，一般には販売されていない模様です．

表6　Compute Module 4の主な仕様

項目	値など	項目	値など
SoC	BCM2711	有線LAN	-
CPU	Cortex-A72	Wi-Fi	IEEE 802.11
コア数	4		b/g/n/ac
クロック	1.5 GHz		2.4/5 GHz
RAM	1/2/4/8 Gバイト		（オプション）
ストレージ	eMMC	Bluetooth	○（オプション）

※USB 2.0，カメラ，ディスプレイなどのインターフェースは裏面の特殊コネクタに配置されている

年代別ラズパイ図鑑

図1に年表の形でまとめました. モデルA, モデルB, Zero, キーボード一体型, Compute Module, Picoの6グループに分けています. 右端まで矢印が伸びているラズパイは, 今でも新規設計に採用して問題ないものです. 例えば2014年のラズパイ1A+や1B+は, いまだに新規設計への採用も問題ないようです.

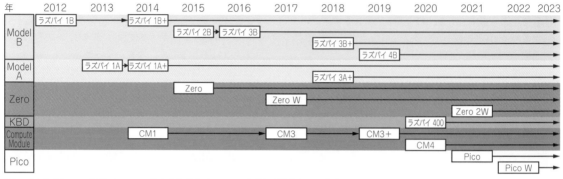

図1 ラズベリー・パイ年表…2012年から毎年何らかのラズパイが販売されてきた

ラズベリー・パイ1モデルB（ラズパイの最初のモデル）　2012年

ラズパイはこのボードから始まりました. Linuxが動くボードとしては後発でしたが, とても安価で, 注文が殺到してしばらく手に入らなかった記憶があります.

なお, このボードの正式名には数字の1は入っていませんが, 区別を容易にするため, ここではラズパイ1Bと呼びます.

もともと安価な教育用コンピュータを目指していたためか, 写真を見てわかるように, いろいろな点で現在のラズパイとは異なります. 外観を**写真7**に, 主な仕様を**表7**に示します.

写真7 ラズベリー・パイ1モデルBの外観

表7 ラズベリー・パイ1モデルBの主な仕様

項目	値など	項目	値など
SoC	BCM2835	GPIO	26ピン
CPU	ARM1176JZF-S	有線LAN	10/100 Mbps
コア数	1	Wi-Fi	-
クロック	700 MHz	Bluetooth	-
RAM	512 Mバイト	カメラ	MIPI CSI-2
ストレージ	SD	ディスプレイ	MIPI DSI
USB 2.0/3.0	2/-	HDMI	フル

ラズベリー・パイ1モデルA（コストダウン版のモデルA）　2013年

ラズパイ1Aは, ラズパイ1Bの翌年に発売されました. ラズパイ1Bと基板は共通で, 実装している部品によってコストダウンを図っているようです. 基板が共通なので, 大きさはラズパイ1Bと変わりません.

搭載しているSoCは1Bと同じですが, RAMの容量が256 Mバイトに減っています. 有線イーサネット・コネクタはなく, USBコネクタは1個だけです. 外観を**写真8**に, 主な仕様を**表8**に示します.

写真8 ラズベリー・パイ1Aの外観

表8 ラズベリー・パイ1モデルAの主な仕様

項目	値など	項目	値など
SoC	BCM2835	GPIO	26ピン
CPU	ARM1176JZF-S	有線LAN	-
コア数	1	Wi-Fi	-
クロック	700 MHz	Bluetooth	-
RAM	256 Mバイト	カメラ	MIPI CSI-2
ストレージ	SD	ディスプレイ	MIPI DSI
USB 2.0/3.0	1/-	HDMI	フル

ラズベリー・パイ 1 モデルB＋（ラズパイ4モデルBの原型）　2014年

　ラズパイ1B+では，現在のラズパイの外観の特徴の多くが実現されました．外観を**写真9**に，主な仕様を**表9**に示します．ラズパイ1A，1Bを販売することで多くのフィードバックがあり，それを本格的に反映したのだと予想できます．

　一方，性能面で見ると，ラズパイ1B+はラズパイ1Bと同じです．基板の形状以外でラズパイ1Bから1B+への主な変更点は，次のような点です．これらは最新のラズパイ4Bでも維持されています．

- ストレージをmicroSDカードに変更
- GPIOコネクタを40ピン・ヘッダに変更
- USBコネクタを4個に増強
- RCA端子を廃止し，ビデオ信号を3.5mmジャックに一体化

表9　ラズベリー・パイ1モデルB＋の主な仕様

項目	値など	項目	値など
SoC	BCM2835	GPIO	40ピン
CPU	ARM1176JZF-S	有線LAN	10/100Mbps
コア数	1	Wi-Fi	-
クロック	700 MHz	Bluetooth	-
RAM	512 Mバイト	カメラ	MIPI CSI-2
ストレージ	microSD	ディスプレイ	MIPI DSI
USB 2.0/3.0	4/-	HDMI	フル

写真9　ラズベリー・パイ1B＋の外観

ラズベリー・パイ 1 モデルA＋（モデルAシリーズの元祖）　2014年

　ラズパイ1Aではラズパイ1Bと共通基板でしたが，ラズパイ1A+は専用の基板になりました．基板の長辺が短くなり，小型化しています．ピン・ヘッダや基板の短辺の長さ，取り付け穴はラズパイ1B+と共通です．外観を**写真10**に，主な仕様を**表10**に示します．

　SoCは変更ありませんが，RAMが512Mバイトになって，ラズパイ1B+と同じになりました．モデルAは小型で安価，という特徴が確立したボードです．

表10　ラズベリー・パイ1モデルA＋の主な仕様

項目	値など	項目	値など
SoC	BCM2835	GPIO	40ピン
CPU	ARM1176JZF-S	有線LAN	-
コア数	1	Wi-Fi	-
クロック	700 MHz	Bluetooth	-
RAM	512 Mバイト	カメラ	MIPI CSI-2
ストレージ	microSD	ディスプレイ	MIPI DSI
USB 2.0/3.0	1/-	HDMI	フル

写真10[1]
ラズベリー・パイ1モデルA＋の外観
CC BY-SA 2.0 Gareth Halfacree

Compute Module 1（組み込み専用ラズパイ誕生）　2014年

　ラズパイ1A+，1B+と同じ年に，Compute Module（CM）が発売されました．外観を**写真11**に，主な仕様を**表11**に示します．CMは組み込み専用のラズパイです．ラズパイは元々教育用を目指して作られましたが，販売してみると組み込み用途の需要が強かったのではないかと想像します．CMはUSBコネクタなどをなくし，基板はDDR2 SODIMMの形状になっています．USBなどのコネクタが必要であれば，CMの搭載先で用意することになります．

　採用したSoCはラズパイ1A+と同じです．ストレージはmicroSDカードではなく，4GバイトのeMMCチップがボード上に搭載されています．

　なお現在では，新規設計への採用は非推奨です．

写真11[2]
Compute Module 1の外観
CC BY-SA 4.0 Raspberry Pi Ltd,

表11　Compute Moduleの主な仕様

項目	値など	項目	値など
SoC	BCM2835	クロック	700 MHz
CPU	ARM1176JZF-S	RAM	512 Mバイト
コア数	1	ストレージ	eMMC

ラズベリー・パイ2モデルB（1B，1B＋から大幅に性能アップ） `2015年`

ラズパイ1Bから1B＋では，外観が大きく変化した．一方，1B＋から2Bでは，性能面が大幅に強化されました．外観を**写真12**に，主な仕様を**表12**に示します．

まず，CPUが1コアのARM11から4コアのCortex-A7になり，動作周波数も上がりました．またRAMが1Gバイトに増えました．

現在では，新規設計への採用は非推奨です．

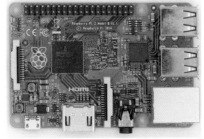

写真12 ラズベリー・パイ2モデルBの外観

表12 ラズベリー・パイ2モデルBの主な仕様

項目	値など	項目	値など
SoC	BCM2836	GPIO	40ピン
CPU	Cortex-A7	有線LAN	10/100Mbps
コア数	4	Wi-Fi	-
クロック	900 MHz	Bluetooth	-
RAM	1Gバイト	カメラ	MIPI CSI-2
ストレージ	microSD	ディスプレイ	MIPI DSI
USB 2.0/3.0	4/-	HDMI	フル

ラズベリー・パイ Zero（小型＆低コストを目指したZero誕生） `2015年`

モデルA以上に小型，低価格化を目指したラズパイです．外観を**写真13**に，主な仕様を**表13**に示します．5ドルで販売されました．簡単なマイコン・ボードでさえもっと高価だったので，Linuxが動くボードとしてあまりの低価格に衝撃を受けた記憶があります．初期版は，英国で販売されたラズパイ雑誌の付録でした．

性能面では，CPUやメモリといった点はラズパイ1A＋と同じです．40ピン・コネクタとその両端にある取り付け穴はほかのラズパイと共通なので，ラズパイの拡張基板であるHATは共通に使えます．

小型化のため，ディスプレイとの接続コネクタはHDMI Miniになっています．USB Micro-Bコネクタが2個ありますが，1つは電源用で，USBとして使えるのは1個だけです．なお，初期版ではカメラ接続コネクタが付いていませんでしたが，現在量産されているものはカメラ接続用コネクタ(CSI)が追加されています．

写真13[3]
ラズベリー・パイ Zeroの外観

表13 ラズベリー・パイ Zeroの主な仕様

項目	値など	項目	値など
SoC	BCM2835	GPIO	40ピン
CPU	ARM1176JZF-S	有線LAN	-
コア数	1	Wi-Fi	-
クロック	1 GHz	Bluetooth	-
RAM	512 Mバイト	カメラ	MIPI CSI-2
ストレージ	microSD	ディスプレイ	-
USB 2.0/3.0	1/-	HDMI	Mini

ラズベリー・パイ3モデルB（Wi-Fiなどの無線が付いている） `2016年`

ラズパイ3Bは，ラズパイ2Bを強化したモデルです．外観を**写真14**に，主な仕様を**表14**に示します．このラズパイは，無線機能(Wi-Fi，Bluetooth)を搭載した点が最も大きい変化でしょう．イーサネット・ケーブルをつながなくてもインターネットに接続で

きますし，マウスやキーボードもBluetoothで接続でき，利便性が大きく向上しました．またSoCも，CPUの性能向上が図られています．一方，RAM容量はラズパイ2Bの1Gバイトから変化ありません．

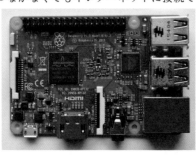

写真14 [4]
ラズパイ3B
の外観
CC BY-SA
3.0 Blue
Breeze
Wiki

表14 ラズベリー・パイ3モデルBの主な仕様

項目	値など	項目	値など
SoC	BCM2837	有線LAN	10/100Mbps
CPU	Cortex-A53	Wi-Fi	IEEE 802.11
コア数	4		b/g/n
クロック	1.2 GHz		2.4 GHz
RAM	1Gバイト	Bluetooth	○
ストレージ	microSD	カメラ	MIPI CSI-2
USB 2.0/3.0	4/-	ディスプレイ	MIPI DSI
GPIO	40ピン	HDMI	フル

ラズベリー・パイ Zero W（H）（小型モデルも無線付きに） `2017年`

ラズパイZero Wでは，Zeroの形状のまま，無線機能（Wi-Fi，Bluetooth）を搭載しました．主な仕様を**表15**に示します．

ラズパイZeroでは，インターネットに接続するのが面倒でした．USB-OTGを使ってパソコン経由で行う，USB Wi-Fiモジュールを外付けする，といったように1個しかない貴重なUSBコネクタを使うのが主な方法でしたので便利になりました．

このボードには，40ピンGPIOヘッダの実装具合に

よって，名前が2種類あります．ヘッダが実装されているものはラズパイZero WHで，実装されていないものはラズパイZero Wです．**写真15**はWHです．ヘッダの実装以外の違いはありません．

なお，性能面ではZeroから変更なく，SoCもRAM容量も同一です．

写真15　ラズベリー・パイ Zero WHの外観

表15　ラズベリー・パイ Zero Wの主な仕様

項目	値など	項目	値など
SoC	BCM2835	有線LAN	-
CPU	ARM1176JZF-S	Wi-Fi	IEEE 802.11
コア数	1		b/g/n
クロック	1 GHz		2.4GHz
RAM	512 Mバイト	Bluetooth	○
ストレージ	microSD	カメラ	MIPI CSI-2
USB 2.0/3.0	1/-	ディスプレイ	-
GPIO	40ピン	HDMI	Mini

Compute Module 3（3Bベースの組み込み専用機） `2017年`

CM3は，CM1のSoCとRAMを，ラズパイ3Bに合わせて向上したものです．無線機能は搭載されていま

せん．ボード・サイズなどはCM1から変更ありません．外観を**写真16**に，主な仕様を**表16**に示します．

なお現在では，新規設計への採用は非推奨です．

写真16[(2)]
Compute Module 3の外観
CC BY-SA 4.0 Raspberry Pi Ltd,

表16　Compute Module 3の主な仕様

項目	値など	項目	値など
SoC	BCM2837	クロック	1.2 GHz
CPU	Cortex-A53	RAM	1 Gバイト
コア数	4	ストレージ	なし/4GバイトeMMC

ラズベリー・パイ3モデルB＋（3Bから細部の機能が向上） `2018年`

ラズパイ3Bのマイナ・チェンジ版です．公式サイトによると，ラズパイ3B系列の最終形とのことです．外観を**写真17**に，主な仕様を**表17**に示します．

細かい変更ばかりで，裏返していうと完成度が高まってきたということでしょう．

• SoCが変更され，CPUのクロックが高速化
• 無線機能が，2.4 GHz帯に加えて5 GHz帯に対応

• ギガビット・イーサネットに対応
• PoE（Power over Ethernet）に対応，屋外などで電源がとれない場合でも，専用HATを使うとイーサネット・ケーブル経由でボード全体に給電できるようになった

写真17　ラズベリー・パイ3モデルB＋の外観

表17　ラズベリー・パイ3モデルB＋の主な仕様

項目	値など	項目	値など
SoC	BCM2837B0	有線LAN	10/100/1000*
CPU	Cortex-A53	Wi-Fi	IEEE 802.11
コア数	4		b/g/n/ac
クロック	1.4 GHz		2.4/5GHz
RAM	1 Gバイト	Bluetooth	○
ストレージ	microSD	カメラ	MIPI CSI-2
USB 2.0/3.0	4/-	ディスプレイ	MIPI DSI
GPIO	40ピン	HDMI	フル

column :01　知る人ぞ知る初代ラズパイ1Bのさらに初期版　　永原 柊

ラズパイ1Bは初めて量産されたボードというこ
ともあると思いますが，何回も細かく改良されたよ
うです．その中でも，2012年10月頃に大きな変更
がありました．

本文のラズパイ1Bの写真は，2012年10月以降の
後期型です．一方，**写真A**はそれ以前の前期型です．

前期型と後記型は取り付け穴の有無で判断できま
す．後期型には取り付け穴がありますが，前期型に
はありません．

それ以外の重要な違いは，前期型はRAMが256
Mバイトしかなく，後期型は512Mバイトあること
です．ビデオ・メモリもここから割り当てるので，
特に前期型ではどの機能にどれだけのメモリを割り

当てるのか，という設定がシビアだったようです．

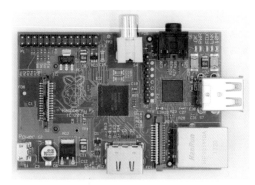

写真A　初期版ラズパイ1B

ラズベリー・パイ3モデルA＋（モデルA系列最新版）　2018年

2023年執筆時点では，モデルA系列の最新版です．
外観を**写真18**に，主な仕様を**表18**に示します．

ラズパイ1A+と同じサイズで，ラズパイ3B+と同じ

SoCを搭載しています．ただし，RAMは512Mバイ
トのままであり，ラズパイ1A+から変更ありません．

ラズパイ3B+と同じ無線機能を搭載しています．

写真18　ラズ
ベリー・パイ
3A＋の外観

表18　ラズベリー・パイ3モデルA＋の主な仕様

項目	値など	項目	値など
SoC	BCM2837B0	有線LAN	-
CPU	Cortex-A53	Wi-Fi	IEEE 802.11
コア数	4		b/g/n/ac
クロック	1.4 GHz		2.4/5GHz
RAM	1 Gバイト	Bluetooth	○
ストレージ	microSD	カメラ	MIPI CSI-2
USB 2.0/3.0	1/-	ディスプレイ	MIPI DSI
GPIO	40ピン	HDMI	フル

Compute Module 3＋（ラズパイ3B＋ベースの組み込み専用機）　2019年

ラズパイCM3+は，CM1，CM3の後継機です．
CM3のSoCを，ラズパイ3B+に合わせて向上してい

ます．外観を**写真19**に，主な仕様を**表19**に示します．

無線機能については，CM3＋にも搭載されていま
せん．eMMCフラッシュ・メモリの容量は，なし，
8Gバイト，16Gバイト，32Gバイトから選択できます．

写真19[2]
Compute
Module 3＋
の外観
CC BY-SA
4.0 Raspberry
Pi Ltd,

表19　Compute Module 3＋の主な仕様

項目	値など	項目	値など
SoC	BCM2837B0	クロック	1.2 GHz
CPU	Cortex-A53	RAM	1 Gバイト
コア数	4	ストレージ	なし/8G/16GeMMC

◆引用文献◆

(1) https://commons.m.wikimedia.org/wiki/File:Raspberry_Pi_
　　Through_History_(29408544840).png

(2) https://www.raspberrypi.com/

(3) https://commons.wikimedia.org/wiki/File:Raspberry-Pi-
　　Zero-FL.jpg

(4) https://commons.wikimedia.org/wiki/File:160303-
　　Rhaspberry-Pi-3.jpg

column 02   ラズパイのマイコン RP2040 & ボード

永原 柊

RP2040チップ

ラズベリー・パイ財団が開発した，マイコンそのものです（**写真B**）．2コアのArmCortex-M0+マイコンです．このRP2040チップ単体を200円弱で購入可能です．安価かつ容易に入手できるので，さまざまなボードが開発されています．

写真B　RP2040チップ

PIMORONI PGA2040

RP2040チップは個人でははんだ付けが難しいので，基板に実装してあります（**写真C**）．マイコン・ボードとして使うために必要な，電源，水晶発振器，フラッシュ・メモリなどの最小限の回路が用意されています．RP2040チップのピンのうち，使用可能なものは全て引き出されています．

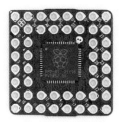

（a）マイコン搭載面　　　　　（b）裏面

写真C　PIMORONI PGA2040

Seeed Studio XIAO-RP2040

Seeed Studioの超小型マイコン・ボードです．USB Type-Cコネクタの大きさと比較すると，このボードの小ささがわかると思います（**写真D**）．

このボードに，マイコンと2Mバイトのフラッシュ・メモリ，2個のスイッチ，1個のRGB LEDが搭載されています．

写真D　Seeed Studio
XIAO-RP2040

PIMORONI TINY2040

PIMORONIの超小型マイコン・ボードです．大きさはXIAO-RP2040とほぼ同等ですが，こちらは基板の両面に部品が実装されています（**写真E**）．フラッシュ・メモリの容量が8Mバイト，引き出せるI/O数が多い，デバッグ端子がある，といった点が違います．販売価格もこちらの方が高価です．

（a）表面　　　　　　　　　（b）裏面

写真E　PIMORONI TINY2040

Cytron Maker Pi RP2040

Cytronの教育用マイコン・ボードです．さまざまな教育用ボードを作っているCytronの経験が生かされているように思います（**写真F**）．

ボード上にはスイッチ，LED，スピーカ，モータ・ドライバ，サーボモータ用ピン・ヘッダなどがあり，GPIOの各ピンの状態をLEDで確認できます．Groveコネクタが7個用意されているので，Groveモジュールを外付けしてさまざまな実験が可能です．搭載された機能に対して，安価なのも特徴です．

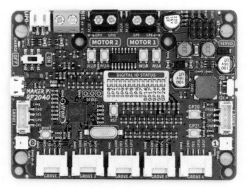

写真F　Cytron Maker Pi RP2040

column :: 03 　ラズパイにはアッという間に拡張できるHATがいろいろ用意されている

ラズパイを機能拡張するために，さまざまなボード（HAT：Hardware Attached on Top）が開発されています．ここでは，計測や制御に関係しそうなHATの中から一部を紹介します．

Sense HAT

Sense HATは，8×8のRGB LEDマトリクスが印象的なボードです（**写真G**）．このボードはRGB LEDのほかに，ジャイロ・センサ，加速度センサ，地磁気センサ，温度センサ，湿度センサ，気圧センサ，色や明るさのセンサという，多種多様のセンサを搭載しています．またジョイスティックも用意されています．ラズパイが直接制御するものと，搭載したマイコンが制御するものの両方があります．

センサで取得した値をLEDで表示するといった学習用ボードとしても，ラズパイにセンサをつなげるための便利ボードとしても使えそうです．

写真G
Sense HAT

Build HAT

Build HATは自由にプログラムできるマイコンボードではなく，LEGO TechnicのモータやセンサをラズパイにつなぐためのHATです（**写真H**）．

ラズパイが元々教育用であることを考えると，本来の目的に沿ったボードといえます．モータやセンサを4個まで接続できます．

部品実装面を見てみると，マイコンとしてPicoにも使われているRP2040を搭載しています．ラズパイからは大まかな指示を出して，細かい制御はRP2040マイコンで行う思想であると予想できます．

（a）表面

写真H
Build HAT　　　　　　　　　（b）チップ実装面

CAN-BUS（FD）Shield for Raspberry Pi

このボードはなぜか名前がShieldになっていますが，車載ネットワークなどで用いられるCAN通信を行うための，ラズパイ向けHATです（**写真I**）．

通常のCANに加えて，拡張規格であるCAN-FDにも対応しています．

また，このボードを使用する状況を考えると，ラ

写真I　CAN-BUS（FD）Shield for Raspberry Pi

永原 柊

ズパイを車などに持ち込むことも多いでしょう．その場合，ラズパイの電源をどこから取るかが問題になります．このボードでは，外部（車など）から12 V～24 Vの電源を得て，ラズパイに電源を供給する回路も用意されています．

ラズパイとCAN通信の制御ICとは，SPIで接続します．

GrovePi+

Groveモジュールをラズパイに接続するためのSeeed Studioが提供するHATです（**写真J**）．GPIOが26ピン，つまり初代ラズパイ1の時代からあるボードです．

さまざまなGroveモジュールに柔軟に対応するため，Arduino Unoと同じマイコンATMEGA328Pを搭載しています．ラズパイはこのマイコンと通信するだけで，さまざまなGroveモジュールへの対応はマイコンが行います．

しかも，そのマイコン・プログラムのソースコードが公開されており，Arduino IDEでユーザが自由に改造できます．これにより，新しいGroveモジュールが出たときにも，いち早くラズパイから利用可能になります．

初代ラズパイ1の時代からあるボードですが，これが今でも使われている理由の1つでしょう．

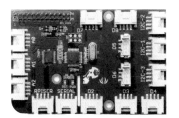

写真J
GrovePi＋

Grove Base Hat for Raspberry Pi

Groveモジュールをラズパイに接続するためのSeeed Studioが提供するHATです（**写真K**）．GPIOが40ピンのラズパイ向けボードです．このボードでは，基本的にはマイコンを使わず，Groveモジュールを直接ラズパイに接続します．ただし，ラズパイにはユーザが利用できるアナログ入力機能がない

写真K　Grove Base Hat for Raspberry Pi

ので，A-D変換のためのマイコンを搭載しています．

Groveモジュールをラズパイで利用可能にするためには，ラズパイ側にそのGroveモジュールごとに対応するソフトウェアが必要になります．使えるGroveモジュールを増やすよう，ソフトウェア拡充の努力が続けられているようです．

PoE HAT

ラズパイ3B+から導入された，イーサネット・ケーブルで給電も行うPoEに対応したラズパイ拡張ボードです（**写真L**）．ラズベリー・パイ財団公式からもPoE対応のボードが出ていますが，この写真のものはサードパーティ製です．Amazonで1,500円ほどで購入しました．

なお，このボードはラズパイ3B+向けです．ラズパイ4Bには，より電源容量が大きいPoE+という規格に準拠したボードをオススメします．

当然ですが，このボードは電源を受ける側なので，接続先に電源供給機能があるPoE対応のハブが必要になります．

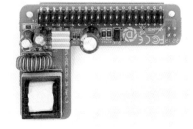

写真L
PoE HAT

（初出：「トランジスタ技術」2023年3月号）

ラズパイの世界

ハード＆ソフト

I-O制御の基本

よく使う I-O

カメラ＆ネット

実用的に動かす

ラズパイを生かす…
本書のコンセプト

永原　柊　Shu Nagahara

　2012年に初代Raspberry Piが衝撃的に登場してから10年以上が経過しました．登場した当初は入手まで半年待ちといった状況でしたが，今では容易に入手でき，幅広く利用されています．

　いろいろなところで活用事例も多数紹介され，具体的な操作手順についても解説されています．また，Raspberry Pi OSの中核であるカーネルに関する説明も出版物やブログなどで見られます．

　このように数多く用いられ，活用のための情報もそろっているように思えますが，実際に何か動くものを作ろうとすると，途端にわからないことが出てくるのではないでしょうか．

　そこで，もう少し楽に取り組めるようにならないか，と考えて本書を執筆しました．

　本書では，まずコマンド入力でLEDなどの対象を操作します．次にそのコマンド操作を基に，単純な機能のプログラムとして実現します．そして，その単純な機能の組み合わせにより，より複雑なものを作っていきます．

　言わば，まず単機能のソフトウェアの部品を作り，次にその部品を組み合わせて動くものを作る，という感じです．本書がみなさまの困りごとに少しでも役立てば幸いです．

第1部

ラズパイの
ハード&ソフト

ラズベリー・パイの ハードウェア構成

永原 柊 Shu Nagahara

Raspberry Pi(ラズベリー・パイ，以下ラズパイと表記)は，もともとプログラミング学習用の安価なコンピュータとして開発されました．安価で汎用性が高く，幅広い用途に用いられています．

ラズパイは初代から2，3，4と強化されてきました．

またZeroという小型のタイプや，組み込み用途の「Compute Module」も用意されています．

ラズベリー・パイ4ともなると，ちょっとしたパソコンとして使えます．実際に，キーボード一体型のパソコン「ラズベリー・パイ400」も販売されています．

① ラズベリー・パイのハードウェア構成

本書で使用したラズパイを図1，写真1に示します．主要な部品は表面［写真1(a)］に実装され，裏面［写真1(b)］はmicroSDカード・ソケットが目立つ程度です．

外部とのインターフェースが充実しているのが特徴です．特に40ピンの拡張端子は，本書で扱うような

電子工作を行うには欠かせません．

SoC(System-on-a-Chip)にはBCM2711を搭載しており，最高1.5 GHzで動作するArm Cortex-A72×4をCPUのコアとして，GPIOやI²C，SPIなどのインターフェースを内蔵しています．

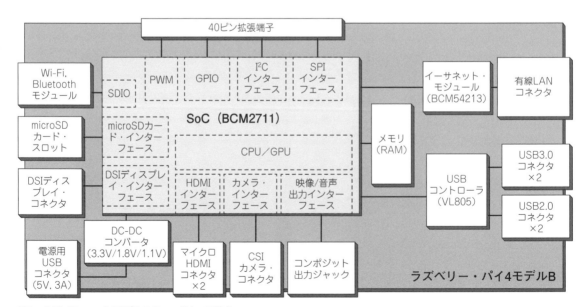

図1　ラズベリー・パイモデルBのハードウェア構成

Wi-Fi,
Bluetooth

40 ピン拡張端子
（左下が1番ピン）

SoC（Broadcom
BCM2711）

RAM

PoE 電源端子

10M/100M/1G ビット
有線 LAN コネクタ

USB3.0 Type-A
コネクタ ×2

DSI ディス
プレイ・コ
ネクタ

電源用 USB
Type-C コネクタ

マイクロ HDMI
コネクタ

CSI カメラ・
コネクタ

コンポジット出力
4 極 3.5mm ジャック

USB2.0 Type-A
コネクタ ×2

（a）表面

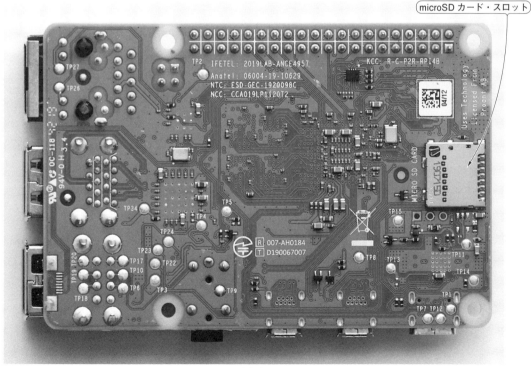

microSD カード・スロット

（b）裏面

写真1　ラズベリー・パイ4 モデルBの外観

ラズパイの世界

ハード＆ソフト

Ｉ／Ｏ制御の基本

よく使うＩ／Ｏ

カメラ＆ネット

実用的に動かす

② ラズパイのハードウェア仕様

● 主な仕様

ラズパイの主な仕様を**表1**にまとめます．全体的に強化されていますが，中でもSoCが強化されていること

と，RAMの容量が8Gバイトまで用意されていること，ディスプレイを2台接続できることなどから，普段使いのパソコンとしても利用可能です．

表1 ラズベリー・パイ4 モデルBの主な仕様

SoC		Broadcom BCM2711
	CPU	Arm Cortex‑A72×4（1.5 GHz）
	GPU	Broadcom Videocore VI（500 MHz）
メモリ（RAM）		2 Gバイト，4 Gバイト，8 Gバイトのいずれか
ストレージ		microSDカード（FAT32フォーマット） （外付けストレージも使用可／起動可）
USB		USB 2.0×2，USB 3.0×2
ネットワーク	有線LAN	10 M/100 M/1 Gビット・イーサネット
	無線LAN	802.11 b/g/n/ac（2.4 GHz/5 GHz）
	Bluetooth	Bluetooth 5.0
映像/音声出力		マイクロHDMI×2
		音声，ビデオ・コンポジット
電源入力		5V3A，USB Type‑C形状
その他のインターフェース		CSIカメラ・インターフェース
		DSIディスプレイ・インターフェース
		40ピン拡張端子
		PoE電源端子

機　能	GPIO番号	ピン番号		GPIO番号	機　能
	3.3V	1	2	5V	
I²C‑1 SDA	GPIO 2	3	4	5V	
I²C‑1 SCL	GPIO 3	5	6	GND	
	GPIO 4	7	8	GPIO 14	UART0 TX
	GND	9	10	GPIO 15	UART0 RX
	GPIO 17	11	12	GPIO 18	
	GPIO 27	13	14	GND	
	GPIO 22	15	16	GPIO 23	
	3.3V	17	18	GPIO 24	
SPI0 MOSI	GPIO 10	19	20	GND	
SPI0 MISO	GPIO 9	21	22	GPIO 25	
SPI0 SCLK	GPIO 11	23	24	GPIO 8	SPI0 CS0
	GND	25	26	GPIO 7	SPI0 CS1
	予約	27	28	予約	
	GPIO 5	29	30	GND	
	GPIO 6	31	32	GPIO 12	
	GPIO 13	33	34	GND	
	GPIO 19	35	36	GPIO 16	
	GPIO 26	37	38	GPIO 20	
	GND	39	40	GPIO 21	

図2 40ピン拡張端子のピン配置

● **拡張端子**

ラズパイと普通のパソコンの大きな違いの1つが，40ピン拡張端子の存在です．この端子は組み込み用途にも活用可能です．図2に拡張端子のピン配置を示します．GPIOのほか，I²C，SPI，UARTといった基本的な通信が利用できます．

---

③ ラズパイを動かすために必要な機材

ラズパイを使えるようにするために，以下の機材を用意しました．カッコ内は筆者が用意したものです．

- ラズパイ4B（4Gバイト・モデルを使用）
- パソコン（Windows機を使用）
- microSDカード（32Gバイト，Class10のカード）
- メモリ・カード・リーダ／ライタ（パソコン内蔵のものを使用）
- microSD-SDカード変換アダプタ
- キーボード（USB接続タイプ）
- マウス（USB接続タイプ）
- ディスプレイ
- ラズパイ側がマイクロHDMIコネクタのディスプレイ・ケーブル
- 5V3A以上を供給できるUSB Type-Cコネクタの電源

これらの機材は，ラズパイを操作する際に，図3のように接続して使います．パソコンとmicroSD-SDカード変換アダプタは，起動用microSDカードを作成するのに使います（第2章で使用）．

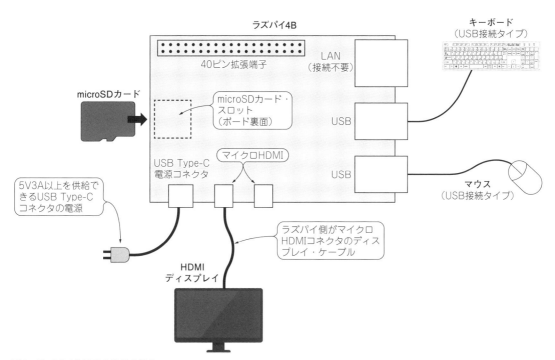

図3 ラズパイ使用時の機材の構成

ラズパイの世界

ハード＆ソフト

I／O制御の基本

よく使うI／O

カメラ＆ネット

実用的に動かす

ラズベリー・パイの ソフトウェア環境

永原 柊 Shu Nagahara

　さっそくラズパイを使える状態にしていきましょう. 専用のツールが用意されているので, 詳しい知識がなくても設定できるようになっています.

　ラズパイを動かすには, まず, 起動用microSDカードを作成します. 作成したmicroSDカードをラズパイのスロットに差し込んで電源をONにするとラズパイが起動するので, 各種設定を行います.

　ラズパイが出始めたころは起動用のmicroSDカードを準備するだけで一苦労でしたが, 今では専用ソフトウェアで簡単にできるようになりました.

　起動用microSDカードを作成する方法はいくつか用意されていますが, 本章では最も基本的なやりかたを説明します.

1 起動用microSDカードの作成

　起動用microSDカードの作成は, 「Raspberry Pi Imager」というツールを用いて行います. このツールを使ってmicroSDカードにラズパイ用のOS(Raspberry Pi OS)をインストールします.

　私が使用したmicroSDカードを**写真1**に示します. 容量32Gバイト, Class 10のカードがお勧めです.

　起動用microSDカード作成時に使用する機材を**図1**に示します. 筆者はパソコンにWindows機を使用しました. メモリ・カード・リーダ/ライタは, パソコン内蔵のものを使用し, microSD-SDカード変換アダプタを介して接続しました.

パソコンにRaspberry Pi Imagerを インストールする

● ダウンロード

　ツール(Raspberry Pi Imager)のダウンロードから始めます. ラズパイの公式Webサイト(https://www.raspberrypi.com/)を開いて, メニューの中にある「Software」をクリックします(**図2**)注1.

容量 32G バイト　　Class 10

写真1　使用したmicroSDカード

　図3に示す, Raspberry Pi OSのWebページが表示されます. このページを下にスクロールすると, Raspberry Pi Imagerのインストーラをダウンロードするリンクがあります.

　自分の環境に合わせて, ツールのインストーラをダウンロードします. Windowsの場合は[Download for Windows], macOSの場合は[Download for macOS]を選びます.

● インストール

　ダウンロードしたツールをパソコンにインストールして, 使えるようにします.

　インストールの手順は, 画面で指示されるとおりに行います. その後の操作手順や画面の見た目はWindowでもmacOSでも同じです. 以降, Windows版の例で説明します.

　ダウンロードしたインストーラを起動すると, ツー

注1: 以前は, Raspberry Pi財団のWebサイトhttps://www.raspberrypi.org/がラズパイの公式ページとなっており, [Computers]-[Software]とメニューをたどる形になっていた. 今後もWebサイトの画面やメニューなどは変更になる可能性があるので, 適宜読み替えていただきたい.

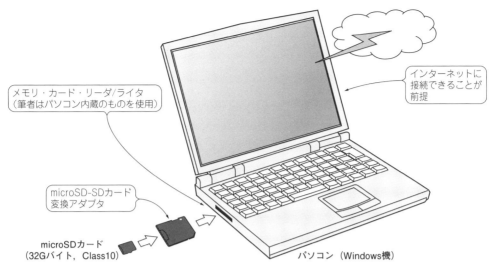

メモリ・カード・リーダ/ライタ
（筆者はパソコン内蔵のものを使用）

インターネットに
接続できることが
前提

microSD-SDカード
変換アダプタ

microSDカード
（32Gバイト，Class10）

パソコン （Windows機）

図1 起動用microSDカードの作成時に使用する機材

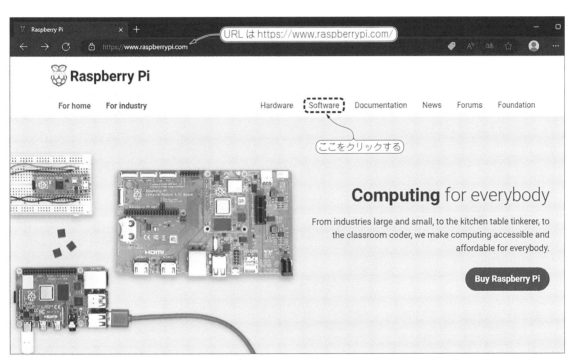

URL は https://www.raspberrypi.com/

ここをクリックする

図2 ラズパイの公式Webサイトから Software のページを開く
2023年6月現在，Raspberry Pi財団のWebサイト（https://www.raspberrypi.org/）から Computers をクリックすると，こちらのWebサイトに遷移する
ようになっている

ルをインストールする画面が表示されます．［Install］
を選択してインストールします．

インストールが終わると，**図4**の画面が表示されま
す「Run Raspberry Pi Imager」のチェックボックス
にチェックが入った状態で［Finish］を押すと，イン
ストーラ終了と同時にツールを起動してくれます．

チェックを入れ忘れて起動できなかった場合は，
「Raspberry Pi Imager」というプログラムをパソコ

ンの中から探して起動してください．

microSDカードに OSをインストールする

パソコンにインストールしたRaspberry Pi Imager
を使って，起動用microSDカードを作成します．

Raspberry Pi Imagerを起動すると，Raspberry Pi
Imagerのメニュー画面が表示されます（**図5**）．

図3　Raspberry Pi OSのページ内で「Raspberry Pi Imager」をダウンロードする

OSをインストールするツール「Raspberry Pi Imager」をダウンロードする

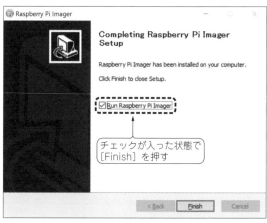

図4　Raspberry Pi Imagerのインストール画面
インストールが終わったら，「Run Raspberry Pi Imager」にチェックが入った状態で［Finish］ボタンを押す

チェックが入った状態で［Finish］を押す

図5　Raspberry Pi Imagerのメニュー画面
OSとストレージを選択して［書き込む］ボタンを押すと，起動用のmicroSDカードが作成される

microSDカードにコピーするOSを選択するボタン

書き込むmicroSDカードを選択するボタン

---

column 01　大容量の SD カードも今は問題なく使えそう

永原 柊

　microSDカードの規格は容量によって変わります．32GバイトまではSDHC，それを超えるとSDXCという規格になります．

　以前はOSをインストールするとき，SDHC規格のカードなら問題なく扱えるものの，SDXC規格のカードを使うとうまくいかないことがありました．

　今回，Raspberry Pi Imagerのバージョン1.7.3を使ってみたところ，SDXCカードでも問題なく扱えました．

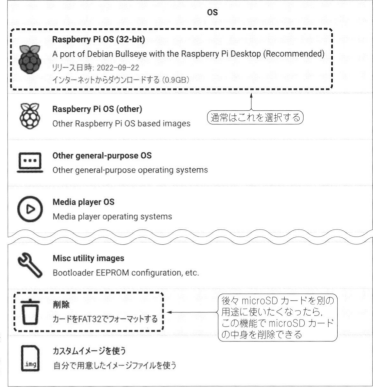

図6 ［OSを選ぶ］をクリックしたときの表示画面
「Raspberry Pi OS（Recommended）」が選択肢の最初に表示される．どれを選んでよいかわからない場合は，まずはこれを選べばよい

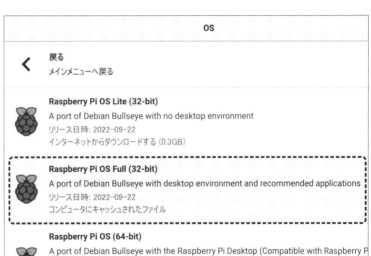

図7 Raspberry Pi OS Fullを使うという選択もある
Recommendされている Raspberry Pi OS は，ラズパイの初回起動時に必要なソフトウェアをダウンロードする．「Raspberry Pi OS Full」を選択すれば，必要なソフトウェアがすべてmicroSDカードに書き込まれた状態でラズパイを初回起動できる

● 書き込むOSの選択

　まずOSの選択から進めます．［OSを選ぶ］をクリックすると，OSが一覧表示されます（図6）．この中から書き込むOSを選択します．
▶通常は（Recommended）を選択する
　普通にラズパイを使いたいということであれば，図6の一番上にある「（Recommended）」と書かれたものを選択します．以下では，これを選択したものとして

説明を進めます．
　なお，これを選んだ場合は，ラズパイ初回起動時にOSのアプリをダウンロードすることになります．
▶必要なアプリをmicroSDカードにすべて書き込んでおく選択肢もある
　そのほかの選択肢として，あらかじめmicroSDカードに必要なアプリをすべて書き込んでおく「Raspberry Pi OS Full」を選ぶ手もあります．初回起動時がスム

ストレージ	X
SDHC Card - 32.0 GB	
D:\, E:\としてマウントされています	

図8 ストレージの選択
OSを書き込んだり，フォーマットしたりする対象のストレージを選択する

ーズになるので，教育現場で多数のラズパイを使うときなどに便利です．

「Raspberry Pi OS Full」を選択するには，**図6**のうち「Raspberry Pi OS(other)」をクリックし，表示された項目の中から「Raspberry Pi OS Full」を選択します（**図7**）．

▶microSDカードをフォーマットし直すこともできる

OSの一覧表示の中に，「削除（カードをFAT32でフォーマットする）」という項目も入っています（**図6**）．案外，これは便利な機能です．

ラズパイのOSをインストールすると，microSDカードの中が複数のパーティションで区切られます．このカードを別の用途に使おうとすると，パーティションが邪魔になることがあります．そのような際にこの機能を使えば，microSDカード全体を1つのパーティションとしてフォーマットしてくれます．

● ストレージの選択

次に，OSを書き込むストレージを選択します．**図4**の［ストレージを選ぶ］を押すと，**図8**のように書き込み先が表示されます．これは使用するパソコンやmicroSDカードによって表示内容が変わります．書き込むmicroSDカードがどこにあるのかを選択するものです．ここではDドライブにある32GバイトのSDHCカードを選択しています．

パソコンの内蔵ハード・ディスクは表示されていな

いので，間違う心配はありませんでした．もし書き込み先がなければ，何も表示されません．

なお，microSDカードに加えて，外付けハード・ディスク，USBメモリを接続した状態でこの画面を出してみると，すべて表示されました．このような場合には，書き込み先の選択に注意してください．

● 書き込みの実行

OSとストレージを選択したら，書き込みを実行します（**図9**）．microSDカードの内容を消去してよいか確認されるので（**図10**），［はい］を押すと，microSDカードへのコピーが開始されます（**図11**）．書き込み，ベリファイ（確認）と進み，完了すれば**図12**の表示になります．これでラズパイ起動ディスクの準備は完了です．microSDカードを取り外してください．

● Windowsの余計なお世話に要注意

筆者の環境では，書き込み終了の表示とともに**図13**のような表示が出ました．一見，問題が起こったように見えますが，これは正常です．必ず［キャンセル］してください．

図13の表示の意味は，そのmicroSDカードがWindowsから読み取れない形式になっているので，Windowsで使うにはフォーマットする必要がある，ということです．このmicroSDカードはラズパイで使う形式になっているので，Windowsから読み取れ

---

column ▶02 Raspberry Pi OS の選び方

永原 柊

microSDカードに書き込むOSを選ぶとき（**図6**，**図7**），似たような名前が並んでいて迷うかもしれません．選択のポイントとなる用語を説明します．

● 32-bit / 64-bit

パソコンのOSに32ビット版と64ビット版があるのと同様に，ラズパイOSにも32ビット版と64ビット版があります．2023年執筆時点では，ラズパイの場合は32ビット版をおすすめします．もし，RAMが8Gバイトのラズパイ4Bを使っているなら，64ビット版を選んでもよいでしょう．

● Legacy

ラズパイOSはDebianというOSをベースに開発されています．このDebianのバージョンが古いものには，Legacyという表記が付いています．Legacyが付いていないものをおすすめします．

● Lite / Full / 無印

Liteは組み込み用など，GUI表示が不要な場合に選択します．Liteが付いていなければGUIがあります．Fullは，本文にも書いたとおり"必要なアプリケーション全部入り"です．無印版は，アプリケーションを後からダウンロードする必要があります．

図9 OSとストレージを選んだ状態で［書き込む］ボタンを押すと書き込みに進む

図12 書き込み完了の画面例

なくても問題ありません.

もし間違ってフォーマットしてしまったら，フォーマットの終了後にRaspberry Pi Imagerの起動（**図5**）からやり直してください.

図10 microSDカードの内容が消えることの最終確認

図11 書き込み実行中の画面例

必ずキャンセルを選ぶこと！

図13 Windowsから余計なお世話のメッセージ

② ラズパイの起動と設定

起動用microSDカードが作成できたら，ラズパイを起動して初期設定を行います.

● ラズパイを起動する

ラズパイにmicroSDカードを挿入します（**写真2**）.また，キーボードやマウス，ディスプレイ，電源コードをラズパイに接続します（第1章の図3を参照）.

電源コードをコンセントに挿して給電すると，ラズパイが起動します.しばらく待つと，**図13**の表示が出ます.［Next］で次に進んでください.

● 国・言語・タイムゾーン設定

国・言語・タイムゾーンの設定を行います（**図15**）.国でJapanを選択すると，残りの2つも自動的に設定されました.

設定がすべて終わって再起動すると，表示が日本語に切り替わりました.

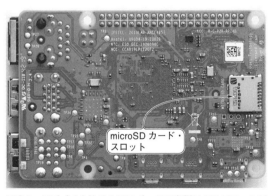

microSD カード・スロット

写真2 ラズパイを始めるにはボードの裏側にあるスロットにOSを書き込んだmicroSDカードを挿し込む

図14　Raspberry Pi OSの設定を開始する

Set Country

図15　国と言語を設定する
国を「Japan」に設定すると，その他も自動的に設定される

● パスワード変更

次に，デフォルトのユーザであるpiのパスワードを変更する画面が表示されます（図16）.

デフォルトでユーザpiが作成されており，パスワードはraspberryとなっています．ここでは学習に使

うだけなので，パスワードを変更せずに進んでもかまいません．その場合，パスワード入力欄に何も入力せずに［Next］を押します.

ただし，複数の人が使う場合，特にインターネットで公開するなど不特定多数の人がアクセスする場合は，

---

column ▷ 03　パソコンを使わずにラズパイで microSD カードを準備

パソコンを使わずに起動用microSDカードを作りたい場合，すでにあるmicroSDカードの内容をコピーするという方法があります．これは，microSDカードのバックアップと考えることもできます.

ラズパイには，現在使用しているmicroSDカード（以下，これをオリジナルと呼ぶ）をコピーする機能が用意されています．これを使えば，容易にオリジナルと同じ内容のmicroSDカードを作成できます.

● 準備

microSDカードの内容をmicroSDカードにコピーするためには，ラズパイにmicroSDカードのリーダ/ライタを増設する必要があります.

筆者は**写真A**に示すUSB接続タイプのmicroSDカード・リーダ/ライタ（「Anker 2-in-1 USB 3.0 ポータブルカードリーダー」，Anker社）を使いました．たいていのものは使えると思います.

● コピー・ツールの起動

ラズパイのメニューから「アクセサリ」-「SD Card Copier」を選択して，コピー・ツールを起動します（**図A**）.

図A　コピー・ツール（SD Card Copier）の起動

写真A　筆者が使用したmicroSDカード・リーダ/ライタ

図16 ユーザpiのパスワードを設定する
何も入力せずに［Next］を押すと，デフォルトのパスワードである
raspberryのままになる

図17 画面表示の確認
画面上部のタスクバーが正しく表示されているかを確認する

かならず強度の高いパスワードを設定してください．インターネットで公開するためには多くの設定が必要になりますが，その中でも，パスワードの設定は最優先事項です．

● 画面設定
　画面が正しく表示されない場合，例えばディスプレイの大きさより表示が小さいなどの問題があれば，**図17**にあるチェックボックスをチェックしてください．
　この設定は，再起動後に有効になります．

する方法①：ラズパイで microSD カードをコピーする

永原 柊

● コピー・ツールの設定
　起動した画面で，コピー元とコピー先を指定します（**図B**）．コピー元（Copy From Device）にはオリジナルのデバイスを，コピー先（Copy To Device）には作成するmicroSDカードのデバイスを指定します．
　コピー先にはUSBメモリなども指定でき，いろいろな形態でバックアップをとることができます．
▶ New Partition UUIDsの設定
　単にコピーを作るだけなら，これで［Start］を押します．ただし，そうやって作ったコピーとオリジナルは，1つのラズパイで同時には利用できません．
　もし1つのラズパイで，オリジナルとコピーを同時に使う必要があれば，「New Partition UUIDs」にチェックを入れて［Start］します．
　念のために補足すると，1つのラズパイでオリジナ

ルだけを使う場合，コピーだけを使う場合は，これにチェックを入れる必要はありません．

● 確認
　コピーを実行するとコピー先のmicroSDカードの内容が消えるので，確認メッセージが出ます（**図C**）．問題なければ［Yes］で先に進みます．

● コピー完了
　コピーが終わると**図D**の表示になります．これで，microSDカードのコピーが完成しました．コピーしたmicroSDカードでラズパイを起動できます．

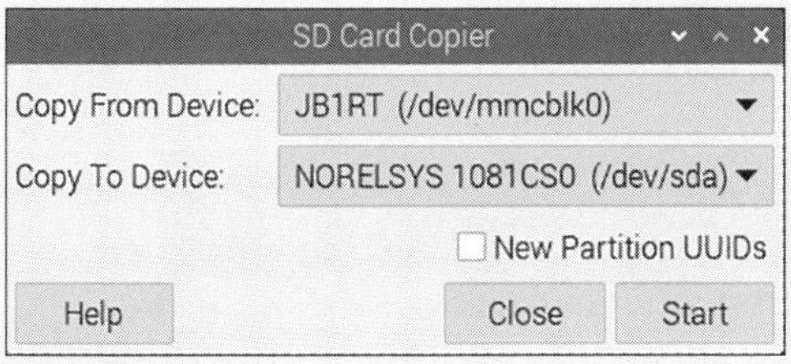

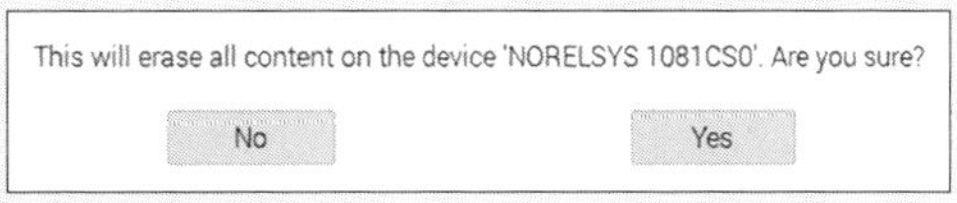

図C 確認メッセージ

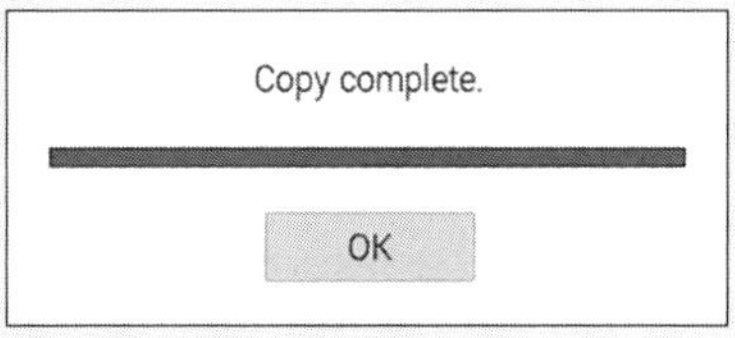

**図D
コピー完了**

図B コピー元とコピー先を指定する

● Wi-Fi設定

次に，使用するWi-Fiネットワークを選択します（図18）.

この設定は，この段階で行わなくてもかまいません. Wi-Fiの設定を行わない場合や有線LANを使う場合などは，［Skip］を押して先に進んでください.

Wi-Fiの設定を行う場合は，使用するWi-Fiネットワークを選択してください. この部分はユーザの環境によって表示内容が変わります.

● Wi-Fiパスワード設定

Wi-Fiネットワークを選択すると，パスワードの入力を求められます（図19）. 選択したWi-Fiネットワークのパスワードを入力します.

設定しない場合は［Skip］で進んでください.

● ソフトウェア更新

ネットワークに接続した場合，図20の場面でソフトウェアを更新できます.

ネットワークにつながっていない場合や，この段階では更新不要の場合は，［Skip］で先に進んでください. 筆者は更新をおすすめします.

［Next］を押すと，ソフトウェアの更新が始まります. これには長い時間がかかります.

---

column▶04　パソコンを使わずにラズパイでmicroSDカードを準備

起動用microSDカードの作成ツール「Raspberry Pi Imager」にはラズパイ版もあります. このソフトウェアを使う方法を説明します.

● 準備

ラズパイで起動用microSDカードを作るには，microSDカードのリーダ/ライタを増設する必要があります（詳しくはコラム3を参照）.

● インストール

本文の図3ではWindowsパソコン用のRaspberry Pi Imagerをダウンロードしましたが，そのリンクの少し下に，ラズパイ版のRaspberry Pi Imagerをインストールする手順が素っ気なく書いてあります（図E）. ターミナル・ウィンドウで，以下を実行すればよいようです.

```
sudo apt install rpi-imager
```

```
To install on Raspberry Pi OS, type
sudo apt install rpi-imager
in a Terminal window.
```

図E　ラズパイ版のRaspberry Pi Imagerをインストールする手順が書いてある

```
pi@raspberrypi:~ $ sudo apt install rpi-imager
パッケージリストを読み込んでいます ... 完了
依存関係ツリーを作成しています ... 完了
状態情報を読み取っています ... 完了
rpi-imager はすでに最新バージョン (1.7.3+rpt1) です。
以下のパッケージが自動でインストールされましたが、もう必要とされていません:
  libfuse2
これを削除するには 'sudo apt autoremove' を利用してください。
アップグレード: 0 個、新規インストール: 0 個、削除: 0 個、保留: 0 個。
```

図F　ターミナル・ウィンドウでRaspberry Pi Imagerのインストールを実施

```
pi@raspberrypi:~ $ rpi-imager
qrc:/main.qml:281:21: QML Rectangle: Detected anchors on an item that is managed
 by a layout. This is undefined behavior; use Layout.alignment instead.
qrc:/main.qml:529:9: QML QQuickItem: Binding loop detected for property "height"
```

図G　Raspberry Pi Imagerを起動する
何かメッセージが出るが，動いていれば気にしなくてよい

ラズパイの世界

ハード&ソフト

I・O制御の基本

よく使うI・O

カメラ&ネット

実用的に動かす

図18 使用するWiFiネットワークを選択する

Welcome to Raspberry Pi

Select WiFi Network

Select your WiFi network from the list.

Searching for networks - please wait...

ここに Wi-Fi ネットワークが表示される

Press 'Next' to connect, or 'Skip' to continue without connecting.

Back   Skip   Next

図18 使用するWiFiネットワークを選択する
後で設定する場合や有線LANを使う場合は［Skip］を選択する

図19

Welcome to Raspberry Pi

Enter WiFi Password

Enter the password for the WiFi network

Password:

☑ Hide characters

Press 'Next' to connect, or 'Skip' to continue without connecting.

Back   Skip   Next

図19 選択したWi-Fiネットワークのパスワードを入力する

する方法② : ラズパイ版の Raspberry Pi Imager を使う

永原 柊

ラズパイを起動して，ターミナル・ウィンドウで上記のコマンドを実行したところ，すでにインストールされているようでした（**図F**）.

● 実行

起動もターミナル・ウィンドウで行います（**図G**）.コマンド名はrpi-imagerです.

```
rpi-imager
```

起動すると何かメッセージが表示されますが，**図5**と同じRaspberry Pi Imagerの画面が表示されれば，気にする必要はありません.

その後，OSとストレージを選択して書き込み始めようとすると，**図H**の表示が出て管理者権限のパスワード入力を求められます.

microSDカードのような物理デバイスへの書き込みには管理者権限が必要になり，ここではこのソフトウェアを一般ユーザ権限で実行しているので，これは当然です.**図H**で「同一性」という項目がありますが，これはユーザ名を選択する欄です.

書き込みを始めると，ターミナル・ウィンドウには**図I**のようにいろいろなメッセージが表示されますが，これも気にする必要はありません.

書き込み完了のメッセージが出れば，終了です.

認証

Authentication is required to open
NORELSYS 1081CS0 (/dev/sda).

同一性: pi

パスワード:

キャンセル(C)   OK(O)

図H microSDカードへの書き込みには管理者権限のパスワード入力を求められる

pi@raspberrypi: ~

ファイル(F) 編集(E) タブ(T) ヘルプ(H)

```
BLKDISCARD not supported
Zeroing out first and last MB of drive
Done zeroing out start and end of drive. Took 0 seconds
Image URL: "https://downloads.raspberrypi.org/raspios_armhf/images/raspios_armhf
-2022-09-26/2022-09-22-raspios-bullseye-armhf.img.xz"
Received header: HTTP/2 200
```

図I 書き込みの実行中
いろいろなメッセージが出るが，気にしなくてよい

図20　microSDカード内のソフトウェアを更新する
ここで行わずにスキップしてもよい

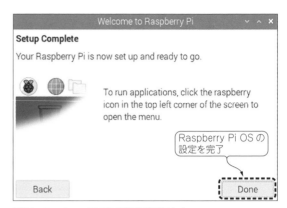

図21　Raspberry Pi OSの設定が完了した
念のために再起動することを推奨

● 設定完了
　図21の表示に到達すれば，設定は完了です.

　すべての設定を有効にするために，再起動すること
をおすすめします．再起動後は自由に使ってください.

第2部

ラズパイI/O制御の基本メカニズム

第3章　定番のLチカ…まずは対話的に出力信号レベルを指定してみる

コマンド操作による ピン出力の制御

永原 柊 Shu Nagahara

　まずは理解を深めるために，外付けしたLEDの点滅から始めます．

　ラズパイでハードウェアを操作する方法は，マイコンのプログラムによる操作とは全く異なっています．

　ラズパイの拡張端子(GPIOピン)にLEDを接続して，コマンド・ラインからの操作によって対話的に点滅させてみます．

① 外付けLEDを制御するためのハードウェア構成

　ラズパイに用意された40ピン拡張端子にある多数のGPIOのピンの中から，ここでは16番ピンにあるGPIO23を利用します．図1のようにGPIOにLEDと1kΩの電流制限用抵抗をつなぎます．GNDは14番ピンを使います．

　ブレッドボードを使った接続のようすを写真1に示します．後章で部品を追加するので，大きいブレッドボードを使用しました．

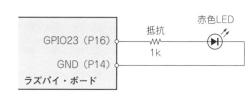

図1　外付けLEDを使った回路図

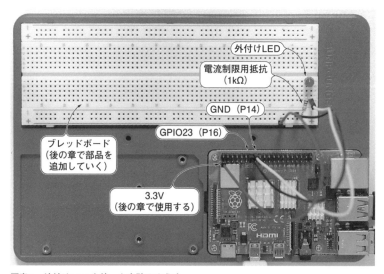

写真1　外付けLEDを使った実験のようす
後の章で部品を追加するので，大きいブレッドボードを使用した

② ラズパイに使用するGPIO番号を通知する

● exportファイルに操作したいGPIOの番号を書き込む

GPIOの使用は，事前準備，GPIOの操作，後始末の3段階からなります．ただし後始末は必須ではありません．

ラズパイを起動した直後はGPIOを操作できる状態になっていません．事前準備では，使用するピンをラズパイに通知して，そのピンをGPIOとして利用可能にします．

GPIO23の事前準備のようすを図2に示します．GPIOのディレクトリにあるexportというファイルに操作したいGPIOの番号を書き込むことで，その番号のGPIOが操作可能になります．ここではexportに23を書き込みます．

なお，この23という値は，操作したいGPIOの番号です．異なるGPIOを使う場合は，使用するGPIOの番号に合わせて変更してください．

exportファイルにGPIO番号を書き込むと，/sys/class/gpioディレクトリの下にgpio23というディレクトリが作成され，その中にはGPIOを操作するためのファイルが用意されます．これでGPIO23を操作可能になりました．

これで操作可能になるのはGPIOのピン1本です．もし複数のGPIOを操作する必要があるときには，1つ1つのGPIOに対して事前準備を行っていきます．

● 人によってはレジスタと考えたほうがわかりやすいかも

マイコンなどの経験が長い人の場合，ファイルに書き込んで操作するというのは直感的ではないかもしれません．そういう場合は，ファイルの見た目をしたレジスタと考えればよいかもしれません．

exportレジスタに23を書き込むと，GPIO23のレジスタの保護が解除されて操作可能になる，というイメージです．

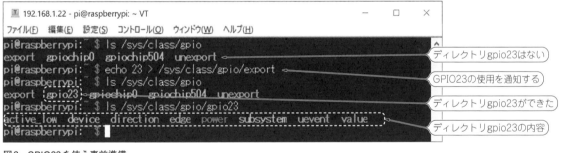

図2 GPIO23を使う事前準備
exportファイルにGPIO番号を書き込むと，対応するディレクトリが作成される

---

column ► 01 コマンド・ライン操作でキー入力を省略するには履歴を使う

永原 柊

コマンド・ラインから操作すると，キー入力がやたら多くなってしまいます．履歴を使えば，同じようなキー入力を減らせます．

カーソル・キーの上や下を押すことで，コマンド・ラインでこれまでに入力したものを参照できます．同じ入力を行う場合（例えば，本文の図2で

ls /sys/class/gpioを2回目に入力する場合），履歴から該当するものを選んでEnterキーを押せば，同じ入力ができます．

また，履歴が表示された状態でカーソル・キーの左や右でカーソルを動かせば，その行内を編集できるので，キー入力を減らせます．

③ direction ファイルで GPIO の入出力方向を設定する

次にGPIOを操作してみます．作成されたディレクトリ内にあるファイル名を見てみると，名前からなんとなく使い方がわかりそうです．

図3に示すように，GPIOの入出力方向の指定はdirectionファイルで行います．このファイルを読み出してみると，値がinになっています．これはこのGPIOが初期状態では入力方向に設定されていることを表します．

LEDを操作するため，GPIOを出力に設定します．そのためにはdirectionファイルにoutを書き込みます．

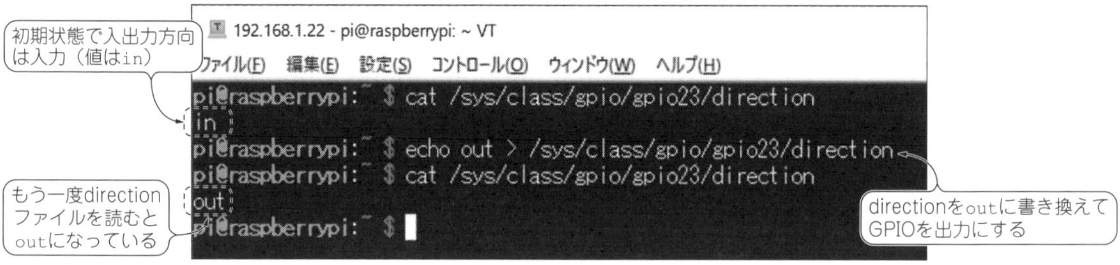

図3　GPIO23の入出力方向を設定

```
192.168.1.22 - pi@raspberrypi: ~ VT
ファイル(F)　編集(E)　設定(S)　コントロール(O)　ウィンドウ(W)　ヘルプ(H)
pi@raspberrypi:~ $ cat /sys/class/gpio/gpio23/direction
in
pi@raspberrypi:~ $ echo out > /sys/class/gpio/gpio23/direction
pi@raspberrypi:~ $ cat /sys/class/gpio/gpio23/direction
out
pi@raspberrypi:~ $
```

初期状態で入出力方向は入力（値はin）

もう一度directionファイルを読むとoutになっている

directionをoutに書き換えてGPIOを出力にする

図3　GPIO23の入出力方向を設定
directionファイルに書くと，入出力方向を設定できる

column▶02　ディレクトリにあるファイルなどの一覧表示に便利なlsコマンド

永原 柊

lsコマンドはディレクトリにあるファイルなどの一覧を表示するコマンドです．Windowsであればdirコマンドに相当します．

単にlsと実行すると，現在のディレクトリにあるファイルなどを一覧表示します．-lオプションを付けると，各ファイルの属性や変更日時など，詳細情報を表示します．

4 valueファイルで出力電圧レベルを設定する

GPIOから出力する値は，図4のようにvalueファイルに書き込みます．1を書き込むとGPIOのピンから3.3 Vが出力され，0を書き込むとGPIOのピンから0 Vが出力されます．

図1のように接続したLEDは，GPIO23から3.3 Vを出力すると点灯するので，valueファイルに1を書き込むと点灯，0を書き込むと消灯します．

現在出力している値は，valueファイルを読むことで確認できます．

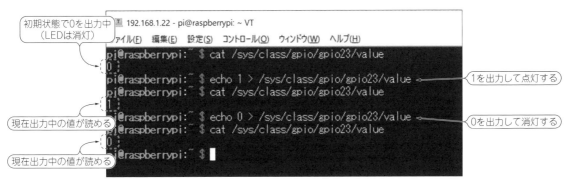

図4 GPIO23から出力する値を設定
valueファイルに書いた値が出力される

column▶03 指定した文字列を出力するのに便利なechoコマンド

永原 柊

echoコマンドは指定した文字列を出力するコマンドです．本文の図2では「echo 23」を実行しているので，23という文字列を出力しています．出力先はデフォルトでは画面です．試しに単にecho 23と実行すると，画面に23が表示されます．

図2ではさらに，「> /sys/class/gpio/export」としています．この「>」は出力先を指定するものです．ここでは出力先として，/sys/class/gpio/exportというファイルを指定しています．ファイルに出力するというのは，ファイルに書き込む，ということです．

つまり図2の「echo 23 > /sys/class/gpio/export」は，exportファイルに23を書き込んでいます．

⑤ unexport ファイルで GPIO の後始末をする

● GPIO を使い終わったら後始末をする

　図5のように，/sys/class/gpio のディレクトリにある，unexport ファイルに GPIO の番号23を書き込みます．すると，gpio23のディレクトリが削除され，この GPIO の操作ができなくなります．これで後始末は終了です．

　ただしラズパイをマイコンのように使う場合は，後始末をする必要はないかもしれません．例えば，LED 点滅の無限ループのプログラムであれば，GPIO を使い終わることがないので，GPIO の後始末をするタイミングがありません．

　それから，gpio23のようなディレクトリを作っても，再起動やシャットダウン，電源断を行うと内容が消えてしまいます．次に起動したときに同じ GPIO を使う場合であっても，GPIO の事前準備からやり直す必要があります．

● 後始末をしても GPIO の状態は変わらない

　GPIO の後始末というのは，ディレクトリを削除して GPIO23 を操作できなくするだけで，GPIO23 を再初期化しないようです．

　試しに，value ファイルに1を書き込んで LED が点灯した状態で後始末を行ってみると，gpio23ディレクトリは消えますが，LED は点灯したままです．

　またその状態で再度 export ファイルに23を書き込むと，作成される direction ファイルの内容は out，value ファイルの内容は1になっていて，その時点の GPIO23 の状態を正しく表していました．

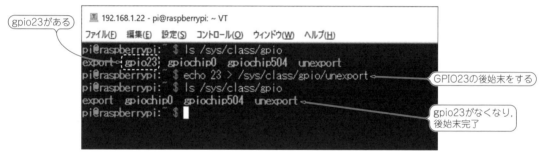

図5　GPIO23の後始末
unexport ファイルに書くと，該当ディレクトリが消える

column▶04　ファイルの内容を読み出して出力するのに便利な cat コマンド

永原 柊

　cat コマンドは，ファイルの内容を読み出して出力するコマンドです．出力先は，デフォルトでは画面です．

　本文の図3では /sys/class/gpio/gpio23/direction というファイルを読み出して，その内容を画面に表示しています．最初はこのファイルの内容が in だったので，画面には in と表示され，echo コマンドを使ってファイルに out を書き込んだ後は，out と表示されています．

column▷05　/sys/class/gpioが使えなくなったときの代替方法

永原 柊

GPIOを操作する簡易な方法として，この章でも使っている/sys/class/gpio（一般にsysfsと呼ばれる）がよく用いられています．しかし，このsysfsを使う方法は現在，非推奨とされていて，時期はわかりませんが将来的に使えなくなる可能性があります（2023年4月執筆時点のRaspberry Pi OSでは，引き続き/sys/class/gpioは利用可能）．

もし万一，/sys/class/gpioが使えなくなったときのために，別の方法についても紹介します．

● ラズパイに標準で用意されているraspi-gpioコマンドを使う

ここでは，図Aに示すようにラズパイに標準で用意されているraspi-gpioコマンドを用います．これは名前からわかるように，GPIOを操作するラズパイ専用のコマンドです．raspi-gpioコマンドを使うと，GPIOの入出力設定や読み書きが可能です．このコマンドを使って，この章の内容を実施してみます．

● raspi-gpioコマンドを使うときの手順
▶手順①…事前準備（図2相当の操作）

raspi-gpioコマンドを使う場合，本文の図2の事前準備に相当する操作はありません．図3の操作に進んでください．
▶手順②…GPIOの入出力方向の確認（図3相当の操作）

本文の図3では，まず入出力方向を確認しています．raspi-gpioコマンドを図Aの(1)のように使うことで，GPIOの入出力方向を確認できます．コマンドの引き数の23は，GPIO23を意味します．表示のfunc=の後がINPUTなら入力，OUTPUTなら出力に設定されています．

続いて本文の図3では，GPIOを出力に設定しています．このコマンドでは図Aの(2)のように操作することで，GPIOを出力に設定できます．この操作を正確に言うと，opでGPIOを出力に設定して，pnでプルアップ/プルダウンなしを設定しています．

正しく設定されたかどうかは，図Aの(1)と同様に実行します．func=OUTPUTになり，プルアップ/プルダウンを表すpullもNONEになっています．
▶手順③…出力電圧レベルの設定（図4相当の操作）

本文の図4で行っているGPIOからの出力は，このコマンドを使うと図Aの(3)のように行います．また，出力している値を読み取るには，図Aの(1)と同じGPIOの読み取りを行います．その結果，func=OUTPUTの場合，level=の後が0なら出力は"L"，1なら出力は"H"です．
▶手順④…GPIOの後始末（図5相当の操作）

raspi-gpioコマンドを使う場合，本文の図5の後始末に相当する操作はありません．

● 入出力方向を入力に戻すには

raspi-gpioコマンドを使って入出力方向を入力に戻すには，図Aの(4)のように操作します．

```
🖥 192.168.11.18 - pi@raspberrypi: ~ VT
ファイル(F)  編集(E)  設定(S)  コントロール(O)  ウィンドウ(W)  ヘルプ(H
pi@raspberrypi:~ $ raspi-gpio get 23
GPIO 23: level=0 fsel=0 func=INPUT pull=DOWN
pi@raspberrypi:~ $ raspi-gpio set 23 op pn
pi@raspberrypi:~ $ raspi-gpio get 23
GPIO 23: level=0 fsel=1 func=OUTPUT pull=NONE
pi@raspberrypi:~ $ raspi-gpio set 23 dh
pi@raspberrypi:~ $ raspi-gpio get 23
GPIO 23: level=1 fsel=1 func=OUTPUT pull=NONE
pi@raspberrypi:~ $ raspi-gpio set 23 dl
pi@raspberrypi:~ $ raspi-gpio get 23
GPIO 23: level=0 fsel=1 func=OUTPUT pull=NONE
pi@raspberrypi:~ $ raspi-gpio set 23 ip pn
pi@raspberrypi:~ $ raspi-gpio get 23
GPIO 23: level=1 fsel=0 func=INPUT pull=NONE
```

(1) 入出力方向の確認：get 23でGPIO23を読み取ると，func=の後がINPUTなので入力になっている

(2) 出力への設定：set 23でGPIOへの設定，opで出力，pnでプルアップ/プルダウンなしを指定している．
入出力方向を確認すると，func=OUTPUTで出力，プルアップ/プルダウンはNONEでなしになっている

(3) GPIOからの出力：dhを指定すると"H"を出力，dlを指定すると"L"を出力する
func=OUTPUTの場合，出力している値をlevel=で読み取ることができ，"H"の場合は1，"L"の場合は0になる

(4) 入力への設定：ipを指定すると，入力に切り替えられる

図A　raspi-gpioコマンドを用いて，本文の内容を実現する

シェル・スクリプトによるピン出力の制御

永原 柊 Shu Nagahara

ラズパイでは，コマンド・ラインからの操作を，ほぼそのままプログラムにすることができます．ラズパイの標準OSであるRaspberry Pi OSには，そのためのしくみが用意されています．

1 シェル・スクリプトで作るプログラムのしくみ

ラズパイでは，キーボードからの入力はシェルというプログラムが受け取って処理しています．つまり，キーボードがシェルの入力とつながっているイメージです．

もし図1のように，シェルの入力をファイルにつなぎ替えることができれば，シェルはそのファイルの内容を読み取って，キーボードから入力されたかのように処理することができそうです．そのファイルに，キーボード入力するのと同じ内容を書いておけば，シェルにはキーボード入力したときと同じ入力があり，同じ動きができます．ということは，このファイルはある種のプログラムと言えそうです．

ラズパイは，このようなしくみを備えています．シェルへの入力になるファイルは，シェル・スクリプトと呼ばれます．プログラミング言語を知らなくても，コマンド・ラインから操作する内容をシェル・スクリプトにすることで，そのままプログラムになります．

本章では「GPIOの事前準備をするシェル・スクリプト」，「後始末をするシェル・スクリプト」，「LEDを点灯するシェル・スクリプト」，「LEDを消灯するシェル・スクリプト」の4つを作ります．

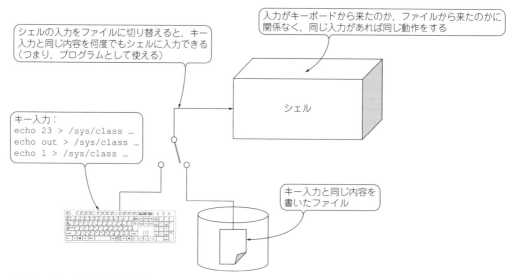

図1 シェルへの入力を切り替える
キー入力内容をファイルに記録しておけば，プログラムとして何度でも実行できる

2 シェル・スクリプトを格納するディレクトリを作る

　まず，シェル・スクリプトを格納するディレクトリを作ります．どこに格納してもよいのですが，最初はこの方法で進めるのがわかりやすいと考えます．

　図2の手順で，ホーム・ディレクトリの下にbinディレクトリを作ります．もしすでにホーム・ディレクトリの下にbinディレクトリがあれば，この操作は不要です．

①cdコマンドを引き数なしで実行して，ホーム・ディレクトリに移動する

②pwdコマンドで，現在のディレクトリを確認する（ユーザ名piのホーム・ディレクトリである，/home/piになっていることがわかる）

③mkdirコマンドで，binディレクトリを作成する

④cdコマンドで，作成したbinディレクトリに移動する

⑤pwdコマンドで，現在のディレクトリを確認する（ホーム・ディレクトリの下のbinディレクトリであることが確認できる）

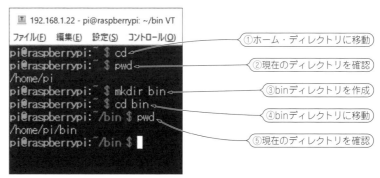

図2　シェル・スクリプトを格納するディレクトリを作成
ホーム・ディレクトリ直下のbinディレクトリは，デフォルトでパスが通っているので利用する

---

column ▶ 01　ディレクトリの移動に使うcdコマンド

永原 柊

　cdコマンドのcdは「change directory」の略で，ディレクトリの移動に使うコマンドです．引き数で指定したディレクトリに移動します．

　引き数が指定されなければ，ホーム・ディレクトリに移動します．ホーム・ディレクトリは，ユーザごとに用意されたディレクトリです．ログイン直後はホーム・ディレクトリに自動的に移動します．

---

column ▶ 02　現在のディレクトリを確認するために使うpwdコマンド

永原 柊

　pwdコマンドのpwdは「Present Working Directory」の略で，「今作業しているディレクトリ」という意味です．現在のディレクトリを絶対パスで表示するためのコマンドです．絶対パスとは，rootディレクトリ（/）から見たそのディレクトリの位置のことです．正しいディレクトリで作業しているのかを確認する際や，今作業しているディレクトリがどこなのかわからなくなってしまった際に使用することが多いです．

3 テキスト・エディタを使ってシェル・スクリプトを作成する

● プログラム作成には nano エディタがお勧め

シェル・スクリプトは普通のテキスト・ファイルとして作成します.

テキスト・エディタを使って, **リスト1～リスト4**のシェル・スクリプトをそれぞれ作成します. 使い慣れたエディタがあればそれをお使いください. もしなければ, nano エディタをお勧めします.

ledinit.sh を作成する場合, nano エディタは次のように起動します.

```
nano ledinit.sh
```

nano エディタは普通のテキスト・エディタと同様に, 直観的に操作できるエディタです. **図3**のように画面下に操作が表示されます. エディタの終了は[Ctrl]-Xで, 編集内容を保存するかどうか, 保存する場合はファイル名を確認されます.

● 先頭行に # で始まるコメント行をつける

リスト1～リスト4を見ると, 先頭行が #!/bin/sh となっていて, 第3章でコマンド・ラインから操作したときと異なります. この意味は後で解説します. ここでは, おまじないと思っておいてください.

なお, このように # で始まる行はコメント行です. シェル・スクリプトだけでなく, コマンド・ラインから操作するときでも, # から始まる行はコメント行と

して読み飛ばされます.

● 書き込み処理が終わるまで待つ sleep コマンド

先頭行以外にも, **リスト1**はコマンド・ラインでの操作と少し違っていて, sleep 0.5 という行が増えています.

export ファイルに23を書き込む処理は, gpio23 ディレクトリやその下のファイルを作成するために少し時間がかかります. コマンド・ラインからユーザがキー入力した場合は, 人間の操作が遅いので気にする必要がありませんでした. しかしシェル・スクリプトにすると, 一瞬で次の行のコマンドを実行してしまいます.

gpio23 ディレクトリやその下のファイルの作成が完了していない状態で direction ファイルに書き込もうとしたら, エラーになってしまいます.

そこで gpio23 ディレクトリやその下のファイルを作成し終わるまで待つために, sleep 0.5 を追加しています. これは0.5秒待つことを意味します. 何度か試したところ, これでエラーは出なくなりました.

なお, コマンド・ラインで sleep 0.5 を実行すると, ちゃんと0.5秒待ちます. sleep はシェル・スクリプト専用のコマンドというわけではなく, コマンド・ラインからも使えるコマンドです.

図3　プログラム作成には nano エディタがお勧め
使い慣れたエディタがあれば, それでよい

リスト1　GPIOの事前設定を行う (ledinit.sh)

```
#!/bin/sh
echo 23 > /sys/class/gpio/export
sleep 0.5
echo out > /sys/class/gpio/gpio23/direction
```

リスト2　GPIOの後始末を行う (leddeinit.sh)

```
#!/bin/sh
echo 23 > /sys/class/gpio/unexport
```

リスト3　LEDを点灯させる (ledon.sh)

```
#!/bin/sh
echo 1 > /sys/class/gpio/gpio23/value
```

リスト4　LEDを消灯させる (ledoff.sh)

```
#!/bin/sh
echo 0 > /sys/class/gpio/gpio23/value
```

④ シェル・スクリプトを実行可能にする

　作成したシェル・スクリプトを実行可能にします.

　例えばWindowsでは, シェル・スクリプトに似たものとしてバッチ・ファイルがあります. 拡張子をbatにしておけば, バッチ・ファイルとして扱われます.

　それに対してラズパイでは, こういう拡張子をつければよい, ということはありません. リスト1〜リスト4では拡張子を.shにしていますが, これはユーザにわかりやすくするのが目的で, それ以上の意味はありません.

　ラズパイでシェル・スクリプトなど, あるファイルが実行可能かどうかはパーミッションで判断します.

　なおパーミッションについては, 本書の後半で説明しています. ここではシェル・スクリプトを実行可能にするという観点だけで説明します.

　図4のように, lsコマンドに-lオプションを付けて実行すると, ファイルの一覧表示とともに各ファイルのパーミッションを表示します. ここで確認するのは, パーミッションの中にxがあるかどうかです. 実行結果を見ると, パーミッションのところに実行可能を表すxがありません.

　次にchmodコマンドで引き数+xを付け, パーミッションにxを追加します. これにより, これらのファイル(シェル・スクリプト)が実行可能になります.

　最後に, 再びlsコマンドに-lオプションを付けて実行します. 今度はパーミッションにxが含まれており, ファイルが実行可能であることがわかります.

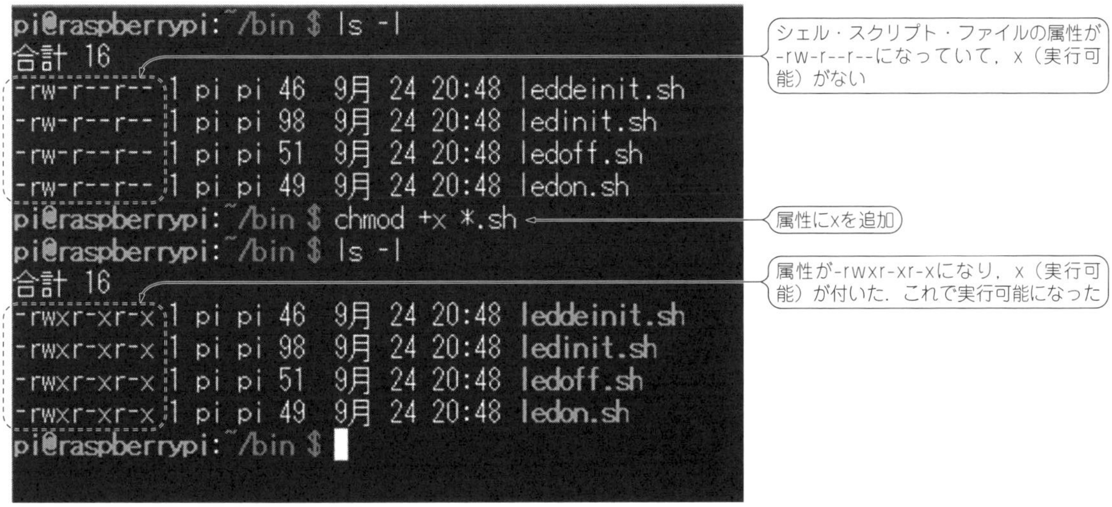

図4　シェル・スクリプト・ファイルの属性に実行可能を付与する
画面で見ると, 最初はファイル名が白色で表示されるが, 実行可能になると緑色になる

⑤ シェル・スクリプトを実行する

シェル・スクリプトを実行します.

まずコマンド・ラインから ledinit.sh を実行します. その後, ledon.sh を実行すると LED が点灯し, ledoff.sh を実行すると LED が消灯します. 最後に leddeinit.sh を実行して終了です.

コマンド・ラインで操作したものをプログラム化しただけなので, 動作としては同じです.

コマンド・ラインで実行できれば, このようにシェル・スクリプトでプログラムにすることができます.

⑥ シェル・スクリプトを使ってLチカのプログラムを作る

● 先ほど作ったシェル・スクリプトを再利用する

今まで作ったシェル・スクリプトを使って, LED の点滅(通称, Lチカ)を行うプログラムを作ってみます.

作成するプログラムをリスト5に示します. これもシェル・スクリプトです.

このシェル・スクリプトは, すでに作成した3つのシェル・スクリプト ledinit.sh, ledon.sh, ledoff.sh を呼び出すものです. 3つとも簡単な内容ですが, すでに動くプログラムがあればそれを使い回す, というのがラズパイの重要な考え方の1つだと筆者は思っています.

● while ループを使って LED 点滅を無限にループさせる

リスト5では, LED 点滅を無限ループにするために while ループにしています. do から done の間の行が繰り返し実行されます.

while は条件が真である間はループを回る処理です. ここでは条件として true を指定しているので必ず真になり, 無限ループになります.

リスト5　LEDの点滅を行うプログラム(ledblink.sh)

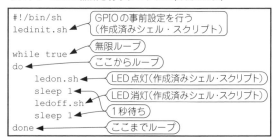

```
#!/bin/sh
ledinit.sh        GPIOの事前設定を行う
                  (作成済みシェル・スクリプト)
while true        無限ループ
do                ここからループ
    ledon.sh      LED点灯(作成済みシェル・スクリプト)
    sleep 1       LED消灯(作成済みシェル・スクリプト)
    ledoff.sh
    sleep 1       1秒待ち
done              ここまでループ
```

また, LED の点滅が目でわかるようにするために sleep を使っています. sleep 1 は1秒間実行停止します.

● プログラムを実行するとLEDが点灯/消灯を繰り返す

これを実行してみると, 1秒ごとに LED が点灯, 消灯を繰り返します. なお実行を終わらせるには [Ctrl]+C を押します.

このように, 小さいプログラムを組み合わせることで, より大きい処理を実現できるようになります.

---

column ▶ 03　ファイルのパーミッションを操作するchmodコマンド

永原 柊

chmod は, ファイルのパーミッションを操作するコマンドです. ファイルやディレクトリのパーミッションは, r(読み出し可能), w(書き込み可能),

x(実行可能)の3つのアルファベットで表します. 図4では実行可能というパーミッションを追加するために, +x オプションを付けて使用しています.

⑦ プログラムを再度実行するときに発生するエラーへの対処

リスト5のLED点滅プログラムを1回実行して中断し，再度実行すると「I/O error」というエラーが出ます．ただし，エラーは出るものの，動作としては正しく動きます．

ここでは，このエラーの原因の説明と，対策を行います．

● エラーの原因

このエラーは，ledinitコマンドを2回以上実行すると発生します．最初にledinitコマンドを実行すると，GPIOの事前設定が行われます．2回目以降にledinitコマンドを実行すると，すでに事前設定が行われているのでエラーが発生します．

もう少し具体的に説明します．GPIOの事前設定で，exportファイルに使用するGPIO番号を書き込むと，対応するディレクトリが作られます．では，すでにそのディレクトリがある状態で，さらにexportファイルに同じGPIO番号を書き込むとどうなるでしょうか．

新しくディレクトリを作成しようとしますが，そのディレクトリはすでに存在しているのでエラーになります．発生しているI/O errorはこういうことです．

これは，最初にLED点滅プログラムを実行して中断したとき，GPIOの後始末を行っていないのが真の原因です．

● エラー対策方針

これを解決するには，GPIOの後始末を毎回きちんと行う，GPIOの事前設定済みの場合は2回目以降の事前設定を行わない，といった対策が考えられます．

前者の対策が根本解決になりますが，無限ループのプログラムの場合には困難なので，ここでは後者の対策を試します．

● 事前設定済みかどうか判断する

すでにGPIOの事前設定が行われているのかどうか判断して，行われていない場合だけ事前設定を行います．事前設定済みかどうかは，GPIOのディレクトリの有無で判断します．ここで使っているのはGPIO23なので，gpio23ディレクトリの有無を確認すれば，事前設定の有無がわかります．

ユーザがコマンド・ラインで操作する場合は，ディレクトリの有無を確認して，実行するコマンドを変えるはずです．これをシェル・スクリプトで行います．

シェル・スクリプトでは条件判断ができます．リスト6に対策済みのシェル・スクリプトを示します．

● 条件判断（if）を使う

条件判断ではifを使います．ifの書式は，[と]の間に判断する条件を書きます．ディレクトリの有無

リスト6 エラー対策を行ったシェル・スクリプト
この後，このシェル・スクリプトをledinit2.shと呼ぶ

```
#!/bin/sh
if ! [ -d /sys/class/gpio/gpio23 ]     ← gpio23ディレクトリがなければ，thenに進む
then
    echo 23 > /sys/class/gpio/export   ← gpio23ディレクトリを作成して，0.5秒待つ
    sleep 0.5
fi
echo out > /sys/class/gpio/gpio23/direction   ← 入出力方向を出力に設定する
```

column ▶04 ディレクトリを作るときに使うmkdirコマンド

永原 柊

mkdirは「MaKe DIRectory」の略から名付けられたコマンドです．現在のディレクトリの下に，引き数で指定したディレクトリを作成します．

次のように-pオプションを指定すると，aaaデ

ィレクトリがなければ作成し，その下にbbbディレクトリがなければ作成し，その下にcccディレクトリを作成する，という操作が可能です．

```
mkdir -p aaa/bbb/ccc
```

を判断したいときには，-dを使います．これは指定されたディレクトリがあれば真になります．

今回はディレクトリがなければ事前設定を行うので，条件を反転させる必要があります．ifと[の間に！があるのは，このように真偽を反転させるためです．つまり，これでディレクトリがなければ真になります．

ifは条件が真の場合だけ，thenからfiの間を実行します．この間に事前設定を行います．

● 実行してみる

リスト6を繰り返し実行してみると，最初はgpio23というディレクトリがないので作成し，2回目以降は作成しません．その結果，問題のエラーは発生しなくなります．

---

column 05　/sys/class/gpioが使えなくなったときの代替方法

永原 柊

GPIOを操作する際に，/sys/class/gpioの使用は非推奨となっています（ただし，本稿執筆時点では使用できる）．そこで，/sys/class/gpioが使えなくなったときのために，raspi-gpioコマンドを使って本文と同じことを行う手順を説明します．

● ledinit.shの書き換え

リスト1（ledinit.sh）では，事前準備と入出力方向の設定を行っています．raspi-gpioコマンドを使う場合は事前準備が不要なので，リストAのように入出力方向の設定だけを行います．

● leddeinit.shの書き換え

リスト2（leddeinit.sh）では後始末だけを行っているので，raspi-gpioコマンドを使う場合は不要です．leddeinit.shは空のファイルを作成します．

● ledon.shの書き換え

リスト3（ledon.sh）では，GPIOから"H"を出力しています．raspi-gpioコマンドを使う場合は，リストBのようにします．

● ledoff.shの書き換え

リスト4（ledoff.sh）ではGPIOから"L"を出力するので，リストCのように書き換えます．

● ledblink.shの書き換え

リスト5（ledblink.sh）では，GPIOを直接操作していないので，書き換える必要はありません．

● ledinit2.shの書き換え

リスト6（ledinit2.sh）では，リスト1（ledinit.sh）をベースに，事前準備を繰り返すことでエラーになるのを防いでいます．しかし，raspi-gpioコマンドを使う場合は事前準備が不要なので，ledinit2.shはリストAと同じ内容にします．

リストA　raspi-gpioコマンドを使ったledinit.shの書き換え

```
#!/bin/sh
raspi-gpio set 23 op pn
```

リストB　raspi-gpioコマンドを使ったledon.shの書き換え

```
#!/bin/sh
raspi-gpio set 23 dh
```

リストC　raspi-gpioコマンドを使ったledoff.shの書き換え

```
#!/bin/sh
raspi-gpio set 23 dl
```

永原 柊 Shu Nagahara

第5章　外付けスイッチが押されているかをプログラムが知るには

ピン入力状態の読みとり

GPIOからの出力ができるようになったので，次にGPIOの入力を試します．GPIOを介して外付けしたスイッチのON/OFFを検出します．

なお，念のために最初に書いておくと，ラズパイのディジタル入出力ピンは3.3V入出力です．5Vトレラント（耐電圧）ではないので，5Vを加えると破壊する恐れがあります．

①外付けスイッチで入力するためのハードウェア構成

ラズパイのGPIOは，チップ内部でプルアップ/プルダウンする機能が用意されています．

初期状態では内部的にプルダウンされているピンが多いようですが，それを明示したドキュメントを見つけられませんでした．また，シェル・スクリプトでプルアップ/プルダウン機能を操作する方法を見つけられませんでした．

そこで，ボード上でプルアップされているGPIO2を使うことにします．GPIO2とGPIO3はI²Cというインターフェース（第12章を参照）でも使用するピンです．おそらくI²C用のプルアップ抵抗なのだと思います．

回路を図1に，接続のようすを写真1に示します．GPIO2とGNDの間にスイッチを入れます．後で使うので，第3章と第4章で使用したLEDは残してあります．

初期状態ではI²Cは無効になっています．I²Cの有効/無効は図2の設定画面で設定できます．画面左上のラズパイ・マークから，［設定］-［Raspberry Piの設定］の順に選んで，設定画面を表示します．もしI²Cが有効になっていたら，このスイッチ入力の実験中は一時的に無効にしてください．後の章で，別のプログラミング言語を用いて内部プルアップを操作する例を示します．

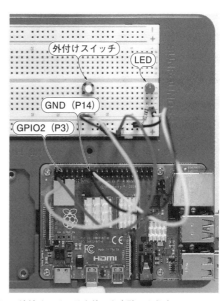

写真1　外付けスイッチを使った実験のようす
拡張端子のP3にあるI²Cのプルアップ抵抗を使うため，スイッチをP3に接続している

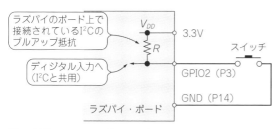

図1　外付けスイッチを使った回路図
P3はI²Cと共用しており，ここではI²Cのプルアップ抵抗を使う

（a）メニュー画面

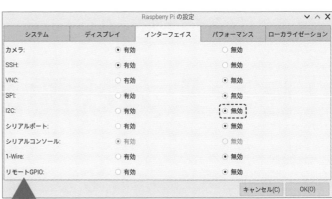

（b）「Raspberry Piの設定」画面

図2　「Raspberry Piの設定」画面
この設定画面で，一時的にI²Cを無効にする

② コマンド・ラインでGPIOの入力状態を読み取る

　まずはコマンド・ラインで動作を確認します．その
ようすを図3に示します．
　GPIO出力（第3章を参照）のときと同じようにGPIO
を使用する事前準備を行います．つまり，exportファ
イルに2を書き込みます．
　directionがinであることを確認したら，

valueの内容を表示します．
　スイッチを押していない状態でvalueを読み取る
と，プルアップされているので1が表示されます．そ
れに対して，スイッチを押した状態でvalueを読み
取ると0が表示されます．

```
T 192.168.1.22 - pi@raspberrypi: ~ VT
ファイル(F)  編集(E)  設定(S)  コントロール(O)  ウィンドウ(W)  ヘルプ(H)
pi@raspberrypi:~ $ echo 2 > /sys/class/gpio/export
pi@raspberrypi:~ $ cat /sys/class/gpio/gpio2/direction
in
pi@raspberrypi:~ $ cat /sys/class/gpio/gpio2/value
1
pi@raspberrypi:~ $ cat /sys/class/gpio/gpio2/value
0
pi@raspberrypi:~ $ cat /sys/class/gpio/gpio2/value
1
pi@raspberrypi:~ $
```

スイッチを押さずにvalueを読み取ると，
プルアップしているので1が読める

スイッチを押してvalueを読み取ると，
0が読める

スイッチを離してvalueを読み取ると，
1が読める

図3　コマンド・ラインでスイッチ読み取りを実行
スイッチを操作しながらファイルを読み取ると状態を読み取れる

column > 01 /sys/class/gpioが使えなくなったときの代替方法 (コマンド・ライン操作の場合)

永原 柊

● raspi-gpioコマンドを使うときの手順

/sys/class/gpioが使えなくなったとき(第3章 コラム5を参照),raspi-gpioコマンドを使って本文の図3の操作と同じことを行う方法を説明します(図A).

▶手順①…入出力方向の確認

入出力方向を確認します.図A(1)の操作を行い,func=INPUTになっていれば入力です.

▶手順②…入力方向の設定

本文の図3にはありませんが,もし出力(OUTPUT)になっていたら,図A(2)の操作で入力にします.

▶手順③…入力の読み取り

本文の図3では,GPIOの入力値を読み取っています.raspi-gpioコマンドの場合,実は図A(1)の操作で値もまとめて読み取っています.この表示

の中で,level=の後が読み取った値です.

図A(3)のように,func=INPUTの場合,level=の後が0なら入力は"L",1なら入力は"H"です.

スイッチを押したり離したりしながら,図A(3)の操作を行ってみてください.

● 表示する情報を図3と合わせるには

raspi-gpioコマンドは図Aの(1)や(3)のように,一度にいろいろな情報を表示します.人間が見るには便利なのですが,プログラムで扱うには内容が複雑すぎます.そこで,このコマンドの表示から入力値だけを取り出して,見た目を図3と合わせる方法を図A(4)に示します.

これはawkコマンドを使って実現します.詳細はコラム3を参照してください.

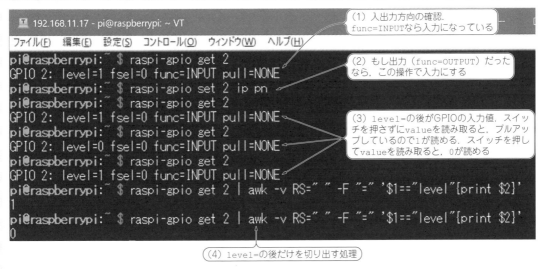

図A raspi-gpioコマンドを用いて図3の内容を実現する

③ スイッチの入力状態と出力の仕様を決める

コマンド・ラインでGPIOの入力状態が読み取れたら，次にこれをシェル・スクリプトにしてみます．仕様としては，無限ループを回りながらスイッチの状態を読み取って，前回の状態から変化したら，スイッチがOFFになれば0，ONになれば1を出力するようにします．

スイッチがOFFのときはvalueの値が1になるので，valueが0なら1を出力し，valueが1なら0を出力することになります．**表1**にスイッチの状態とGPIO2(P3)のvalue値および出力の関係を示します．

表1 スイッチの状態とGPIO2(P3)のvalue値および出力の関係

スイッチの状態	GPIO2(P3)のvalue値	出力
OFF	1	0
ON	0	1

④ スイッチの入力状態を表示するプログラムを作る

● GPIOの事前準備

作成したプログラムを**リスト1**に示します．まず使用するGPIO2に対応するディレクトリgpio2があるかどうかを確認して，なければ初回実行とみなしてGPIOの事前準備を行います．GPIOの入出力方向を入力にしておきます．

次に，スイッチの前回状態の初期値を変数OLDVALに設定します（**リスト1**の9行目）．スイッチの状態はON(0)かOFF(1)のどちらかです．それに対して，OLDVALは99というあり得ない値にしています．こうすることで，GPIOを最初に読み取った値は前回の状態と決して一致しないので，必ず出力されることになります．

● スイッチの状態の読み取り

次にwhileでスイッチの状態を読み取って出力する無限ループに入ります．

まず現在のGPIO2の状態を読み取って変数NEWVALに代入します．コマンド・ラインで実行したように，スイッチの状態を読み取るにはvalueファイルを読み取ります．これにはcatコマンドを使います．

シェル・スクリプト内でコマンドを実行して値を読み取るには，$(実行するコマンド)という書き方をします．**リスト1**では，13行目の$(cat /sys/class/gpio/gpio2/value)という部分です．コマンドを実行すると，この$(から)までがコマンド実行結果で置き換えられるイメージです．

```
 1  #!/bin/sh
 2  if ! [ -d /sys/class/gpio/gpio2 ]
 3  then                                    ← 初回実行時(gpioディレクトリが
 4      echo 2 > /sys/class/gpio/export        ないとき)には事前準備を行う
 5      sleep 0.5
 6  fi
 7  echo in > /sys/class/gpio/gpio2/direction ← GPIOを入力方向に設定する
 8
 9  OLDVAL=99  ← 前回の入力値を保持する変数
10
11  while true                              ← 現在のスイッチの
12  do                                        状態を読み取って変数
13      NEWVAL=$(cat /sys/class/gpio/gpio2/value)  NEWVALに入れる
14      if [ ${OLDVAL} -ne ${NEWVAL} ]  ← スイッチの状態が変化していたら真
15      then
16          OLDVAL=${NEWVAL}  ← 次回比較用に現在の値を置いておく
17          if [ ${NEWVAL} -eq 0 ]  ← スイッチが押されていたら真
18          then
19              echo 1  ← 1を出力
20          else
21              echo 0  ← 0を出力
22          fi
23      fi
24      sleep 0.1  ← 一瞬待つ
25  done
```

リスト1 スイッチの入力状態を読み取るシェル・スクリプト（swin.sh）

これによりvalueファイルの読み取り結果を変数NEWVALに代入します.

● スイッチ状態の変化の検出

リスト1の14行目で，ifでOLDVALとNEWVALの値を比較し，現在のスイッチの状態が前回の状態から変化しているかどうか判断します.

変数に代入するときは変数名を書くだけでよいのですが，変数の値を参照するときは，${NEWVAL}のように${変数名}の書き方をします.

2つの変数を，-neで比較しています．これはNot Equalの意味で，一致していないときに真になります.

この条件が偽，つまり両者が一致していればスイッチの状態が変化していないので出力不要です.

この条件が真，つまり一致していなければ出力を行う必要があります．初回はOLDVALが99という値なので必ず不一致になり，スイッチの状態が変化したときの処理に進みます.

● スイッチ状態が変化したときの処理

まず今回の状態を変数OLDVALに格納して，次回比較用に現在のスイッチの状態を保存しておきます［リスト1(5)］．代入先のOLDVAL変数には${ }は不要で，代入元のNEWVAL変数には${NEWVAL}のように${ }が必要です.

次にスイッチの状態に応じて値を出力します［リスト1(6)］．スイッチの状態と0を-eqで比較しています．-eqはEqualの意味で，値が等しいときに真になります.

スイッチの状態が0(押されている)の場合には1を出力し［リスト1(7)］，押されていない場合は0を出力します［リスト1(8)］.

● 最期に一瞬待つ

最後に0.1秒待って無限ループの先頭に戻ります［リスト1(9)］．これは機械式スイッチで起こるノイズを防ぐ狙いもあります.

⑤ プログラムを実行してスイッチの入力状態を確認する

プログラムを実行すると，図4のようにスイッチのON/OFFに応じて，結果が表示されることがわかります.

スイッチを押したときに1，離したときに0が表示され，それ以外のときは表示は変わりません.

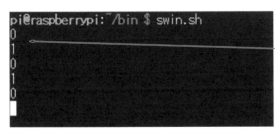

スイッチを押したときに1が，離したときに0が表示される．それ以外のときは表示は変わらない

図4 スイッチの入力状態を読み取るプログラムを実行
スイッチの状態を常に監視していて，状態が変わったら表示する

column 02 シェル・スクリプトの書き方に注意

永原 柊

● 代入の＝の前後に空白を空けてはいけない

シェル・スクリプトの書き方には注意すべき点がいろいろあります．代入の書き方もその1つです．代入の＝の前後に空白を空けてはいけません．もし空けると何が起こるか，後で試してみてください.

● ifの条件では[ ]の間に空白が必要

ifの条件の書き方にも注意点があります.
[条件]のように，条件と[ ]の間に空白が必要です.

column▸03 入力を柔軟に処理して出力するawkコマンド

awkコマンドは，プログラミング言語AWKの処理系です．プログラムを作成することで，柔軟に処理内容を記述できます．

とはいえ，本格的なプログラミング言語として使うことは，まずないでしょう．awkコマンドは，入力を柔軟に処理して出力するツールとして用いられることが大半です．本章でも，raspi-gpioコマンドの複雑な出力から，必要な部分だけを取り出すために利用しています．

raspi-gpioコマンドの出力をどのように処理するか，段階を踏んで説明します．

● 入力をそのまま出力する

raspi-gpioコマンドの出力をawkコマンドで処理するため，**図B**(1)のように書いてみます．この縦棒(|)はパイプと呼ばれます．パイプは第7章で詳しく説明します．

中かっこ {} の中がプログラムで，ここではprintだけを書いています．こうすると，awkコマンドは読み取った入力をそのまま出力します．実行するとraspi-gpioコマンドと同じ内容を出力していることが確認できます．

● レコードの区切り文字を変える

awkコマンドはデフォルトでは行単位で処理します．この処理する単位をawkではレコードと呼びます．

レコード間は区切り文字（レコード・セパレータ：RS）で区切られていると考えます．デフォルトでは改行文字です．この区切り文字を変更すれば，レコードの区切りが変わります．区切り文字の変更は，変数RSを変更することで行います．

awkコマンドのオプションでRS=" "を指定して，区切り文字を空白に変更してみます．これで実行すると**図B**(2)のように，raspi-gpioコマンドの出力が空白で区切られることがわかります．

● フィールドの区切り文字を指定する

level=1というレコードからlevelと1を切り出すために，フィールドの区切り文字を指定します．-Fオプションで=をフィールドの区切り文字として指定します．レコードの先頭からフィールドの区切り文字までが1番目のフィールド，次の区切り文字までが2番目のフィールドになります．

1番目のフィールドは$1，2番目のフィールドは$2のように参照できます．プログラムを {print $1} のようにすると1番目のフィールドだけを出力できます．フィールド区切り文字がないレコードでは，レコード全体が1番目のフィールドとして扱われます．実行すると**図B**(3)のようになります．

同様にプログラムを {print $2} にすると，2番目のフィールドだけが出力されます．2番目のフィールドがないレコードでは，空行になります．実行すると**図B**(4)のようになります．

● プログラムを実行する対象を指定する

最後に，1番目のフィールドがlevelのレコードだけを対象にします．

中かっこの前に条件を指定すると，その条件が真になったときだけプログラムが実行されます．今回は1番目のフィールドがlevelの場合が対象なので，$1=="level"という条件にします．

プログラムは {print $2} として，1番目のフィールドがlevelであるレコードを対象に，2番目のフィールドを出力します．

実行すると，**図B**(5)のように意図した形式で出力できています．

永原 柊

```
🖥 192.168.11.17 - pi@raspberrypi: ~ VT                               —

ファイル(F)  編集(E)  設定(S)  コントロール(O)  ウィンドウ(W)  ヘルプ(H)

pi@raspberrypi:~ $ raspi-gpio get 2 | awk '{print}'
GPIO 2: level=1 fsel=0 func=INPUT pull=NONE
pi@raspberrypi:~ $ raspi-gpio get 2 | awk -v RS=" " '{print}'
GPIO
2:
level=1
fsel=0
func=INPUT
pull=NONE

pi@raspberrypi:~ $ raspi-gpio get 2 | awk -v RS=" " -F "=" '{print $1}'
GPIO
2:
level
fsel
func
pull
pi@raspberrypi:~ $ raspi-gpio get 2 | awk -v RS=" " -F "=" '{print $2}'


1
0
INPUT
NONE

pi@raspberrypi:~ $ raspi-gpio get 2 | awk -v RS=" " -F "=" '$1=="level"{print $2}'
1
```

(1) 入力をそのまま出力する

(2) 入力を空白で区切って出力する
（区切られたものが各レコード）

(3) 各レコードを=で区切って，
=の左（1番目のフィールド）だけを出力する

(4) 各レコードを=で区切って，
=の右（2番目のフィールド）だけを出力する

(5) 1番目のフィールドがlevelのレコードについて，
2番目のフィールドを出力する

図B　awkコマンドを使ってraspi-gpioの出力からGPIO入力値だけを切り出す

ラズパイの世界　ハード&ソフト　I/O制御の基本　よく使うI/O　カメラ&ネット　実用的に動かす

column▷04　/sys/class/gpioが使えなくなったときの代替方法（シェル・スクリプトの場合）

永原 柊

　本文リスト1のスイッチの状態を表示するシェル・スクリプトを，raspi-gpioコマンドで代替すると，いくつか書き換える必要があります．リストAにraspi-gpioコマンドを用いてスイッチを読み取るシェル・スクリプトを示します．

▶手順①…事前準備

　本文リスト1の2行目から6行目では事前準備を行っていますが，raspi-gpioコマンドを使う場合には不要なので削除します．

▶手順②…入出力方向の設定

　本文リスト1の7行目では，GPIO2の入出力方向

を入力に設定していました．ここではリストA(1)に示すように，図A(2)と同じ内容で書き換えます．

▶手順③…入力の読み取り

　本文リスト1の13行目では，GPIO2を読み取ってNEWVALという変数に代入しています．

　raspi-gpioコマンドの出力は複雑すぎるので，そのまま代入することはできません．そこで，リストA(2)に示すように，図A(4)の方法で入力値だけを取り出して代入します．

リストA　raspi-gpioコマンドを用いてスイッチの入力状態を読み取るシェル・スクリプト

```
#!/bin/sh
raspi-gpio set 2 ip pn    ◀━━ (1)GPIOを入力方向に設定する

OLDVAL=99

while true
do
    NEWVAL=$(raspi-gpio get 2 | awk -v RS=" " -F "=" '$1=="level"{print $2}')
    if [ ${OLDVAL} -ne ${NEWVAL} ]
    then                              (2)現在のスイッチの状態を読み取って
        OLDVAL=${NEWVAL}              変数NEWVALに入れる．
        if [ ${NEWVAL} -eq 0 ]        raspi-gpioコマンドの出力からGPIOの
        then                         値だけを切り出している
            echo 1
        else
            echo 0
        fi
    fi
    sleep 0.1
done
```

GPIO制御における
ラズパイ内部の動作

永原 柊　Shu Nagahara

　ラズパイでは，ファイルを読み書きするだけで GPIOの入出力方向を変更できたり，GPIOを読み取れたりします．この方法は，人間から見てわかりやすいだけでなく，Raspberry Pi OSの基本的な考え方でもあります．この方法を使うことにより，さまざまな手段でGPIOを操作できます．

　ここでは，GPIOを制御する際のラズパイ内部のしくみを説明します．まずは①～⑤で，GPIO出力でLEDの点滅を行ったときのしくみを説明します．続いて⑥～⑦で，外付けスイッチでGPIO入力を行ったときのしくみを説明します．

① ラズパイ内部にあるGPIOまわりの構成

　GPIOまわりについて，ラズパイ内部のイメージとハードウェアを図1に示します．

　関連するハードウェアとして，ラズパイ・ボード上のGPIOと，外付けLEDがあります．GPIOは，SoC内にあるディジタル信号の出入り口(入出力端子)です．それを制御するソフトウェアとして，GPIOドライバ

があります．

　GPIOドライバに指示する方法として，/sys/class/gpioディレクトリにあるexportファイルなどのような実体のないファイルが用意されています．このようなファイルを読み書きすることで，GPIOを操作します．

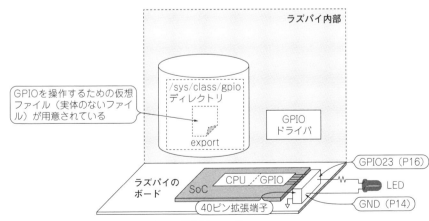

図1　ラズパイ内部にあるGPIOまわりの構成(イメージ)
GPIOに関係するハードウェアとソフトウェアを示す

② GPIOの事前準備におけるラズパイ内部の動作

● exportファイルにGPIO番号を書き込むと

　ユーザから見ると，GPIO23を使うためにexportファイルに23を書き込むのですが，内部ではexportファイルには実体がなく，図2のように書き込まれた値（23）はそのままGPIOドライバに渡されます．これによりGPIOドライバは，ユーザがGPIO23を操作しようとしていることを把握します．

● 該当するGPIO用のディレクトリが作成される

　GPIOドライバは，GPIO23を操作できるようにするため，図3のようにgpio23ディレクトリを作成し，その下にGPIOを操作するためのファイルを作成します．ここで作成するファイルには，directionやvalueなどがあります．

　これらのファイルもexportファイルと同様に実体がなく，ユーザがGPIOドライバと情報をやりとりするために用いられます．

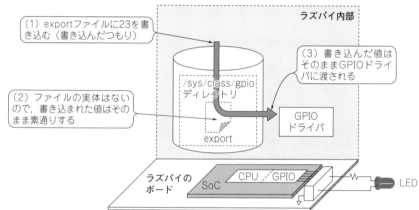

**図2　GPIOの事前準備における
ラズパイ内部の動作①**
GPIO23を使うためにexportファイルに23を書き込んだとき，内部ではファイルに書き込まれるのではなく，GPIOドライバにそのまま渡される

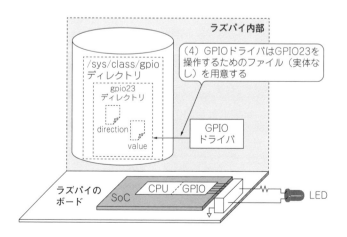

**図3　GPIOの事前準備における
ラズパイ内部の動作②**
GPIOドライバは，GPIO23を操作するためにgpio23ディレクトリを作成し，その下にGPIO操作用のファイルを用意する．このファイルも実体がない

③ 入出力方向の設定をするときのラズパイ内部の動作

　ユーザが現在のGPIO23の入出力方向を知るために，directionファイルを読み出したとします．

　このファイルも実体はありませんが，このファイルを読み出そうとしていることがGPIOドライバに伝わります．GPIOドライバは現在の入出力方向を調べて，入力になっているのであればinを返します．

　GPIOドライバが返した値(in)がユーザに伝わり，まるでdirectionファイルの内容がinであるかのよう

に見えます．

　図4のように，入出力方向を出力にするためユーザがdirectionファイルにoutを書き込むと，そのことがGPIOドライバに伝わります．

　GPIOドライバはGPIOハードウェアを操作して，入出力方向を出力に設定します．

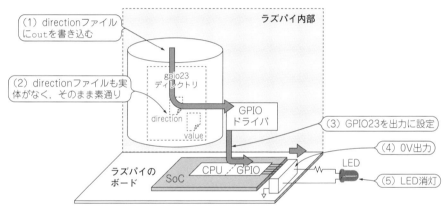

図4　入出力方向を設定するときのラズパイ内部の動作
GPIO23の入出力方向を出力にするためdirectionファイルにoutを書き込むと，ラズパイ内部ではファイルに書き込まれるのではなく，GPIOドライバにそのまま渡される．GPIOドライバはGPIO23ハードウェアを出力に設定する

---

column▶01　管理情報はあるがデータのない実体のないファイル

永原　柊

　実体のないファイルという表現が何度か出てきます．

　通常のファイルには，ファイルの内容(データ)が格納されています．ただしファイルの構成要素は，データに加えて，ファイルの管理情報があります．

　ファイルの管理情報には，ファイル名や作成者，作成日などファイルに付随する情報や，そのファイルを管理するために必要な内部情報が含まれます．そして，lsコマンドなどでは，管理情報に書かれたファイル名などでファイル一覧が作られます．

　ここで言う実体のないファイルというのは，管理情報はあるが，データのないファイルのことです．

　exportのようなファイルの場合，管理情報には「このファイルを読み書きするにはGPIOドライバにアクセスすること」と解釈できる記述があります(このように文章で記載されているわけではない)．そして，データはありません．

　このようになっているので，lsコマンドで見ると，一見ファイルがあるように思えますが，ファイルによってその働きはさまざまです．

④ 出力値を設定するときのラズパイ内部の動作

ユーザはGPIO23から"H"を出力するために, 図5のようにgpio23ディレクトリのvalueファイルに1を書き込みます.

ファイルの実体はないので, そのままGPIOドライバに伝わります. GPIOドライバはGPIO23ハードウェアに1をセットします. その結果GPIO23ピンから

は"H"(3.3 V)が出力されます. そしてGPIO23につながっているLEDが点灯します.

valueファイルに0を書くとLEDが消灯するのも同じ流れです. また現在の出力値を知るためにvalueファイルを読み出した場合も, directionファイルを読み出したときと同様です.

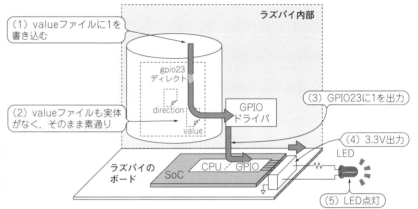

（1）valueファイルに1を書き込む

ラズパイ内部

gpio23ディレクトリ

direction

（2）valueファイルも実体がなく, そのまま素通り

value

GPIOドライバ

（3）GPIO23に1を出力

（4）3.3V出力

LED

CPU　GPIO

ラズパイのボード

SoC

（5）LED点灯

図5　出力値を設定するときのラズパイ内部の動作
GPIO23から1を出力するためにvalueファイルに1を書き込むと, GPIOドライバにそのまま渡される. GPIOドライバはGPIO23ハードウェアの出力に1を設定し, 3.3 Vが出力されてLEDが点灯する

⑤ GPIOの後始末をするときのラズパイ内部の動作

GPIO23の後始末をするには, 図6のようにunexportファイルに23を書き込みます. このファイルも実体がなく, 今までと同様の流れでGPIOドライ

バに情報が伝わります.

GPIOドライバはgpio23ディレクトリを削除して, これ以上GPIO23を操作できないようにします.

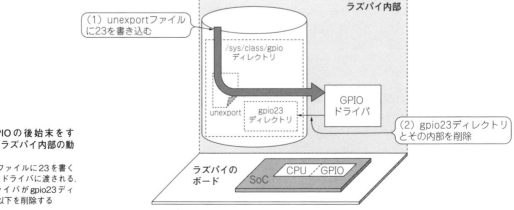

（1）unexportファイルに23を書き込む

ラズパイ内部

/sys/class/gpioディレクトリ

GPIOドライバ

unexport

gpio23ディレクトリ

（2）gpio23ディレクトリとその内部を削除

CPU　GPIO

ラズパイのボード

SoC

図6　GPIOの後始末をするときのラズパイ内部の動作
unexportファイルに23を書くと, GPIOドライバに渡される. GPIOドライバがgpio23ディレクトリ以下を削除する

6 入力値を読み出すときのラズパイ内部の動作

GPIO入力を行ったときのラズパイ内部のしくみについて**図7**を使って説明します．ただしGPIO出力と重複する内容が多いので，差分だけを取り上げます．

GPIO2のdirectionファイルにinを書き込むと，GPIO2は入出力方向を入力にする動作を行います．

その状態でvalueファイルを読み出すと，GPIOドライバにGPIO2の読み出しを行いたいことが伝わります．

GPIOドライバはGPIO2ハードウェアを読み出して，その結果を返します．スイッチを押下していると，GPIO2には0Vの入力になり，0が読み出せることになります．

このように，ファイルvalueを読み出すと，まるでそのファイルに入力値が書いてあるような動作をします．

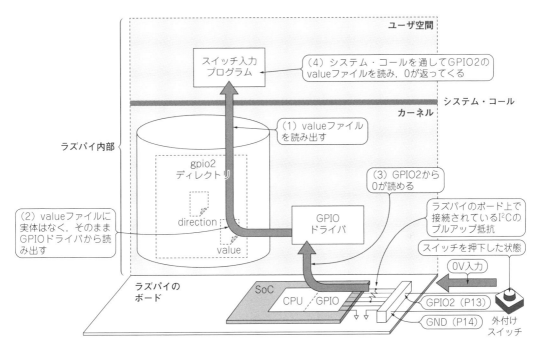

図7 GPIO2の読み出しをするときのラズパイ内部の動作
ユーザ・プログラム（スイッチ入力プログラム）はシステム・コールを通してカーネルに処理（GPIO2のvalueファイルを読み出す）を依頼する．これはGPIOドライバへの読み出し操作に置き換えられる．スイッチが押されている場合は0Vが入力されているので，GPIOドライバは0を返し，ユーザ・プログラムに0が返る

7 カーネル，ユーザ空間，システム・コールのイメージ

図7には，カーネル，ユーザ空間，システム・コールという記述があります．図8でそのイメージを説明します．

カーネルは，OSの基本的な機能を担う中核部分のソフトウェアです．ユーザ空間にあるプログラム（ユーザが作成したプログラムなど）はカーネルに直接アクセスできず，システム・コールを通してカーネルに処理を依頼します．

システム・コールは窓口のようなもので，ユーザ空間のプログラムからの要求を受け付けてカーネルに渡します．カーネルは要求された処理を行って，その結果をユーザ空間のプログラムに返します．

このように，ユーザ空間とカーネルは完全に分離されています．

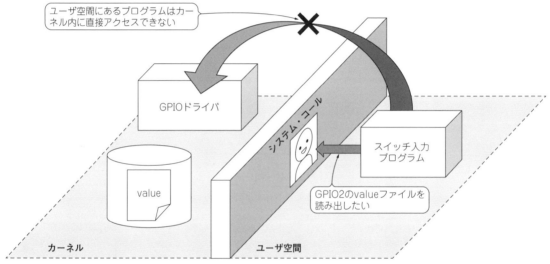

図8　カーネル，ユーザ空間のプログラム，システム・コールのイメージ
ユーザ空間にあるプログラムはカーネルに直接アクセスできず，システム・コールを通してカーネルに処理を依頼する

第7章　スイッチとLED…制御のミニマム構成

プログラム同士を組み合わせるしくみ「パイプ」

永原 柊 Shu Nagahara

　第3章～第5章で解説したスイッチ入力とLED出力を応用して，スイッチを押している間だけLEDが点灯するシステムを作ってみます．

　新たにそれ専用のプログラムを作ってもよいのですが，ラズパイでは複数のプログラムを組み合わせて，大きなシステムを作成する，パイプというしくみが用意されています．ここでは，そのしくみを使って，第5章で作ったスイッチ入力プログラムと，新しく作るLED出力プログラムを組み合わせてみます．

① プログラムを組み合わせるという基本的な考え方

　何かシステムを作るとき，**図1**のように部分的な機能に分けて，各機能を連携させることで全体を実現するという方法があります．本章ではこの考え方で進めます．

　第5章で作成したスイッチ入力プログラムは，スイッチを押すと1，離すと0を出力しました．これに対して，1が入力されたときにLEDを点灯し，0が入力されたときにLEDを消灯するプログラムを作成して組み合わせれば，スイッチを押している間だけLEDが点灯するシステムになります．

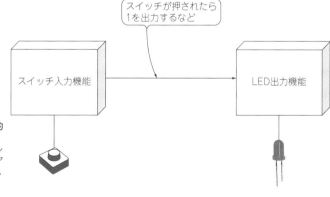

スイッチが押されたら
1を出力するなど

スイッチ入力機能　　　　LED出力機能

図1　作成するシステムの基本的な考え方
複数のプログラムを組み合わせてシステムを動作させる．ハードウェアで実現するとこの図のようになるが，それをソフトウェアで実現する

② 組み合わせるLED出力プログラムを作成する

まずは動くプログラムを作って，次にどのようなしくみになっているか説明します．

● プログラムの内容

作成したプログラムを**リスト1**に示します．while の条件のところが read LINE となっています．これは，入力を読み取って変数 LINE に格納する，という意味です．

読み取る入力がなければ，入力されるまで待ちます．入力が入ればそれを変数 LINE に格納して次に進む，という動作になります．

ただしこれは無限ループではなく，入力の終わりがくればこの while ループは終了します．

入力があれば次に進み，if で変数 LINE の値が0かどうか比較して0なら LED 消灯します．

次に elif があります．これは if の条件が真でなかったときという意味です．変数 LINE が1なら LED 点灯します．

もし0，1以外が入力された場合は無視します．

● 単体で実行してみる

このプログラムを実行してみると，実行中で止まってしまって何も起こりません．これはプログラムの while read LINE の行を実行して，入力がないので入力待ちで止まっているためです．

入力待ちになっているので，キーボードから1 [Enter] を入力すると，LEDが点灯します．0 [Enter] と入力すると LED が消灯します．

このように，入力を読み取って LED を点灯/消灯します．

ラズパイで動くプログラムでは，このような入力は標準入力と呼ばれる入力から読み取ります．ラズパイの標準入力はデフォルトではキーボードにつながっているので，**リスト1**のプログラムはキーボードからの入力を受け取ります．

● 入力の終わりを入力する

謎かけのような項目ですが，キーボードから「入力の終わり」を入力できます．このプログラムは while が無限ループではないと書きました．もし入力の終わりがくれば，ループは終了します．

入力の終わりは EOF（End Of File）です．直訳すればファイルの終わりです．普通にファイルを読み取る場合であれば，ファイルの最後は明らかです．しかしキーボードから読み取るような場合は，終わりが明らかではありません．そこで入力の終わりのデータが決められています．それが EOF です．キーボードから EOF を入力すれば，この while ループは終了します．

キーボードから EOF を入力するには，[Ctrl]+D を入力します．**リスト1**で実際にやってみると，入力待ち状態を抜けてプログラムの実行が終了します．

リスト1　入力に応じてLED を点灯/消灯するプログラム （ledonoff.sh）

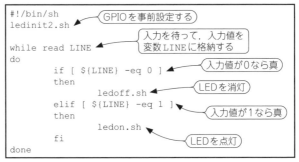

```
#!/bin/sh
ledinit2.sh        ← GPIOを事前設定する

while read LINE    ← 入力を待って，入力値を
                      変数 LINE に格納する
do
        if [ ${LINE} -eq 0 ]    ← 入力値が0なら真
        then
                ledoff.sh       ← LEDを消灯
        elif [ ${LINE} -eq 1 ]  ← 入力値が1なら真
        then
                ledon.sh        ← LEDを点灯
        fi
done
```

③ 外付けスイッチとLEDを組み合わせた入出力制御のしくみ

ここで標準入力/標準出力について説明します.

● 画面表示は標準出力によるもの

第5章で作成したスイッチ入力プログラムは, スイッチのON, OFFが画面に表示されていました. これは図2のように, スイッチ入力プログラムにある標準出力に, 画面がつながっていたからです.

スイッチ入力プログラムは画面に出力しているわけではなく, 標準出力に出力しています. ここに画面がつながっているので, 結果的に画面に表示されていただけです.

● キーボード入力は標準入力によるもの

リスト1のLED出力プログラムは, キーボードの入力でLEDを点灯, 消灯していました. これは図3のようにLED出力プログラムにある標準入力に, キーボードがつながっていたからです.

LED出力プログラムはキーボードから入力しているわけではなく, 標準入力から入力しています. ここにキーボードがつながっているので, 結果的にキーボードから入力していただけです.

● パイプ

この標準入力や標準出力は, ラズパイのどのプログラムにもあります. どちらも, デフォルトでつながっているキーボードや画面を切り離して, 別のものをつなぐことができます. スイッチ入力プログラムの標準出力を, LED出力プログラムの標準入力に接続すれば, スイッチを押している間だけLEDが点灯するシステムを実現できそうです.

ラズパイには, そのためのしくみが用意されています. それがパイプと呼ばれるものです. 図4にパイプのイメージを示します. 図のように, 標準出力と標準入力を直結するものです.

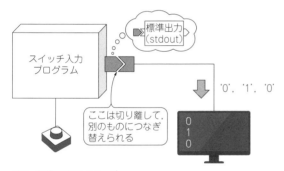

図2　標準出力のイメージ
スイッチ入力プログラムの標準出力は, デフォルトでは画面につながっている. スイッチ入力プログラムが '0', '1', '0' と出力すると, 画面に '0', '1', '0' が表示される

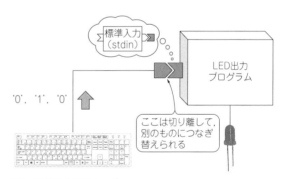

図3　標準入力のイメージ
LED出力プログラムの標準入力は, デフォルトではキーボードにつながっている. キーボードから '0', '1', '0' と入力すると, LEDは消灯, 点灯, 消灯する

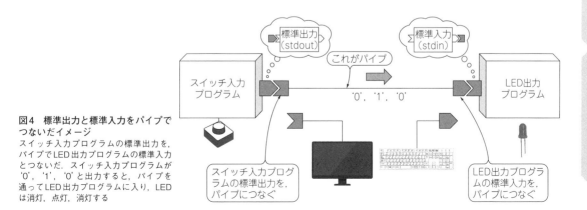

図4　標準出力と標準入力をパイプでつないだイメージ
スイッチ入力プログラムの標準出力を, パイプでLED出力プログラムの標準入力とつないだ. スイッチ入力プログラムが '0', '1', '0' と出力すると, パイプを通ってLED出力プログラムに入り, LEDは消灯, 点灯, 消灯する

④ パイプ(|)を使って2つのプログラムを連携して動かす

パイプ(|)を使うことで，2つのプログラムを連携して動かせます．**図5**に示すように，コマンド・ラインでは次のように入力します．

swin.sh | ledonoff.sh

なお，2つのプログラムの間にある縦棒「|」は，キーボードでは［Shift］＋¥キーで入力します．

コマンド・ラインからこの操作を行うと，スイッチ入力プログラムとLED出力プログラムの2つが起動されて，それらの標準入力と標準出力がつながります．スイッチを押している間だけLEDが点灯することを確認してください．

Raspberry Pi OSはマルチタスクOSなので，このように複数のプログラムを起動することに何の問題もありません．パイプを使って，もっと多くのプログラムを数珠つなぎにすることもできます．

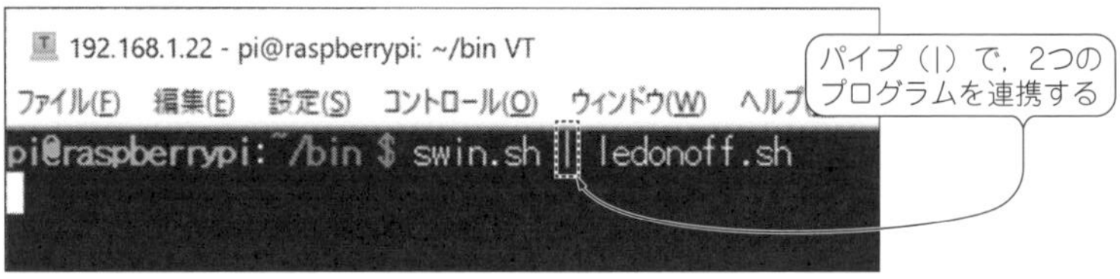

図5 2つのプログラムを連携させる
パイプ(|)を使うことで，2つのプログラムを連携して動かせる

⑤ シェル・スクリプトにすると1つのコマンドとして活用できる

複数のプログラムを連携させる操作は，非定型の業務で，どのコマンドをどういう順序で使えばよいか試行錯誤するような場合にも行われます．いったん操作が固まれば，今までやってきたようにシェル・スクリプトにして1つのコマンドにすることが可能です．

図6の例では，**図5**のコマンド・ラインをswled.shというファイル名で，そのままシェル・スクリプトにしています．こうすれば，swled.shというコマンドを実行すると，**図5**のコマンド・ラインを入力したのと同じ動きをして，ラズパイ内部で2つのプログラムが起動します．

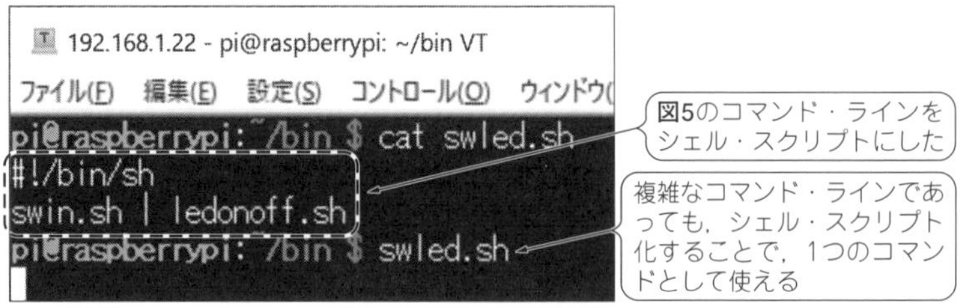

図6 コマンド・ラインをシェル・スクリプトにする
図5の使い方をシェル・スクリプト(swled.sh)にすれば，1つのコマンドとして活用できる

⑥ 複数のプログラムを組み合わせて動かすことを ソフトウェアの部品化として考える

　複数のプログラムを組み合わせて動かすのは，見方を変えるとソフトウェアの部品化のように思います.

　例えば第4章でLED点滅のプログラムを作りましたが，これは1つの塊のプログラムでした.

　それを**図7**のように，タイミング発生プログラム（**リスト2**）とLED出力プログラム（本章の**リスト1**そのまま）に分けて，その間をパイプでつないでも同じ動作をします. つまり，タイミング発生部品とLED出力部品を組み合わせて同じ動作をさせた，と考えることもできそうです.

　このように部品化しておくと，例えばセンサの値がしきい値を超えると1を出力する部品と組み合わせて，センサの値によってLEDが点灯する，などいろいろな使い方ができそうです.

リスト2 タイミング発生プログラム
1秒ごとに '1'，'0' を交互に出力する

```
#!/bin/sh

while true
do
        echo 1
        sleep 1
        echo 0
        sleep 1
done
```

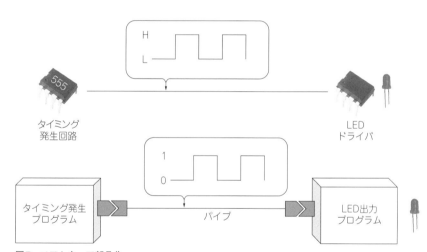

図7 ソフトウェア部品化
プログラムをソフトウェア部品と考えて，ハードウェアと対比すると理解しやすい（かも）

Pythonプログラムによる I/O制御

永原 柊　Shu Nagahara

ここまで，ずっとシェル・スクリプトを使ってきました．しかしプログラミング言語でも，同様のプログラムを作成できます．また，異なるプログラミング言語で書かれたプログラムを組み合わせることが可能です．ここでは第5章や第7章で作ったプログラムをPythonで書き直してみます．

① ラズパイ内蔵のプルアップ抵抗を使ったスイッチ入力回路

前章までのスイッチ入力にはラズパイのGPIO2を使ってきましたが，このピンはI²Cというインターフェース（第12章参照）を使う際に用います．そこで他のGPIOピンを使うことにします．

ラズパイはGPIOにプルアップ抵抗もプルダウン抵抗も内蔵していますが，シェル・スクリプトではそれを有効にする方法がわかりませんでした．一方Pythonでは，プルアップ抵抗，プルダウン抵抗を有効にできます．そこでLEDに使っているGPIO23の隣にある，GPIO22のプルアップ抵抗を有効にしてスイッチをつなぎます．

作成する回路を図1に，実験のようすを写真1に示します．

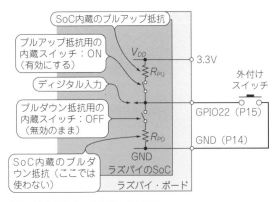

図1　外付けスイッチを使った回路図
GPIO22（P15）に外付けスイッチを接続し，ラズパイのSoCに内蔵されたプルアップ抵抗をPythonプログラムから有効にする

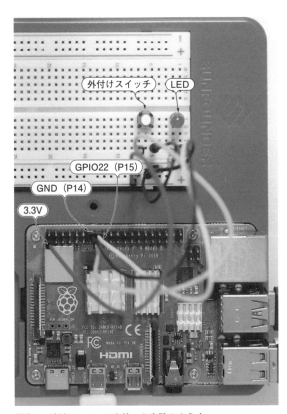

写真1　外付けスイッチを使った実験のようす
ラズパイのSoC内蔵プルアップ抵抗を使えるので，使用できる拡張端子の幅が広い（ここではP22を使用）

② スイッチの入力状態と出力の仕様を決める

スイッチがつながる GPIO22 のプルアップ抵抗を有効にし，シェル・スクリプト版の仕様（第5章の表1）と同等にします．

スイッチの状態が変化したとき，変化後の状態を1,0で標準出力に出力します．スイッチが押されたら1を出力し，離されたら0を出力します．**表1**にスイッチの状態と GPIO22（P15）の入力値，出力の関係をまとめて示しておきます．

表1 スイッチの状態と GPIO22（P15）の出力の関係

スイッチの状態	GPIO22（P15）の入力値	出力
OFF（離す）	1	0
ON（押す）	0	1

③ Pythonでスイッチの入力状態を表示するプログラムを作る

● 作成するプログラム

シェル・スクリプトの代わりに Python でスイッチ入力プログラムを作ります（**リスト1**）．ここでは Python の文法の説明を行わず，処理のイメージの把握にとどめます．

● 1行目の書き方

1行目の書き方がシェル・スクリプトと異なります．要するにこのスクリプトを実行するためのコマンドとして python3 を使ってください，という意味です．

● 使用する機能の記述

2行目と3行目は，使用する機能を記述しています．

多数あるライブラリから，必要なものを記述します．

2行目は GPIO のアクセスを容易にするためのライブラリを指定しています．この後で出てくる，「GPIO．XXXX」という記述は，すべてこの GPIO ライブラリの機能を使うことを意味します．

3行目は時間待ちを行うために sleep を使うことを記述しています．

この2つの import の書き方について，**図2**にイメージを示します．GPIO のほうは袋ごと指定して，その中の機能をどれでも使える書き方です．sleep のほうは，この機能だけが使える書き方です．このように，使用する機能の書き方には，何通りかあります．

リスト1 スイッチ入力プログラム
スイッチの状態が変化するたびに，状態を出力する

```
1   #!/usr/bin/env python3        ← このスクリプトを実行するには python3 を使う
2   import RPi.GPIO as GPIO
3   from time import sleep         ← 使用する機能を指定する
4
5   GPIONO = 22                    ← 使用する GPIO 番号は 22
6
7   GPIO.setmode(GPIO.BCM)         ← GPIO に付ける番号体系をシェル・スクリプトに合わせる
8   GPIO.setwarnings(False)        ← 警告メッセージを出さない
9   GPIO.setup(GPIONO, GPIO.IN, pull_up_down=GPIO.PUD_UP)   ← GPIO22 を，入力，プルアップ抵抗ありに設定する
10  oldval = 99                    ← 前回値としてあり得ない値にする
11
12  while True:                    ← メイン・ループ
13      newval = GPIO.input(GPIONO)    ← GPIO22 を読み取る
14      if oldval != newval:           ← スイッチの状態が変化すれば，以下の処理を行う
15          oldval = newval            ← 次回比較用に，現在値を記録する
16          if newval == GPIO.LOW:
17              print('1', flush=True)     ← スイッチが押されていれば1を出力し，
18          else:                          離されていれば0を出力する
19              print('0', flush=True)
20      sleep(0.1)                 ← 0.1秒待つ
```

ラズパイの世界　ハード&ソフト　I/O制御の基本　よく使う I/O　カメラ&ネット　実用的に動かす

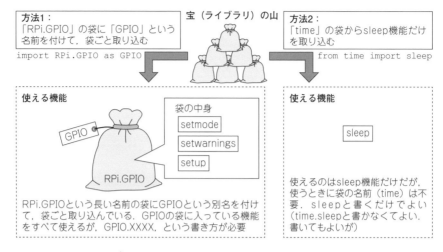

図2 import のイメージ
多数のライブラリが用意されている中から，必要なものを取り込む．取り込み方が何通りかある

● GPIO の初期設定

5行目は，プログラムの中に何度も GPIO 番号を書くのがいやなので，GPIONO という変数にしています．

7行目では GPIO の番号の付け方をシェル・スクリプトに合わせています．これはラズパイのプロセッサ（SoC）で付けられた GPIO の番号になります．

● エラー表示の抑制

8行目では，GPIO の警告を表示しないように指示しています．

シェル・スクリプトのときには，export ファイルに書き込んだときに，すでに該当するディレクトリがあればメッセージが表示されていました．この行は，このエラーへの対策の Python 版です．

シェル・スクリプトでは，ディレクトリがあれば export ファイルに書き込まないという根本的な対策を行いました．それに対してこちらでは，エラーになる操作を行ったとしても警告メッセージを出さない，という対症療法的な対策になっています．

● プルアップ抵抗の設定

9行目は，GPIO22 を入力モード（GPIO.IN）にして，プルアップ抵抗を有効（pull_up_down = GPIO.PUD_UP）にしています．

もしプルダウン抵抗を有効にしたければ，pull_up_down の値として GPIO.PUD_DOWN を指定し，プルアップもプルダウンも不要なら pull_up_down の指定自体をなくします．

10行目は変数 oldval に，初期値を代入しています．これは前回の値を保持する変数で，前回の値と一致するかどうか判定するのに使います．初期値として代入する値は，0，1以外なら何でもかまいません．

● メイン・ループ

12行目から無限ループに入り，ここからメイン・ループになります．

● スイッチの状態の読み取り

13行目ではスイッチにつながる GPIO を読み取って newval 変数に代入しています．スイッチが押されていれば GPIO の入力が 0 V なので 0 が読め，押されていなければ 1 が読めます．

14行目では oldval 変数と newval 変数を比較し，スイッチの状態が変化したかどうか判定しています．もしスイッチの状態が変化していなければ，20行目に進みます．

ここを最初に通るときは，oldval の初期値に 0，1以外の値を選んだので，必ずスイッチの状態が変化したことになります．

スイッチの状態が変化している場合，15行目に進んで現在の状態を oldval 変数に保存します．

● スイッチが押されているか判定

16行目でスイッチが押されているかどうか判定します．GPIO.LOW と比較していますが，これは入力値が "L"（0）かどうか判断するものです．

GPIO.LOW と一致する，つまりスイッチが押されていれば，17行目で 1 を出力します．一致しない，つまりスイッチが押されていなければ，19行目で 0 を出力します．

標準出力に出力するには print を使います．文字列として出力するので，1や0は引用符をつけて '1'，'0' のようにします．

column ► 01 データをいったん貯めて後で一気に出す 出力バッファのしくみ

永原 柊

コマンド・ラインから，progA | progBのように2つのプログラムをパイプでつないで連携動作させる場合，もしprogAの出力としてまとまった量が出てくると，progBとしても一気に処理できて効率が良くなります．progAの出力をいったん貯めておいて，後で一気に出力するためのしくみを出力バッファと呼びます．

出力バッファは大量のデータをまとめて処理する場合は効率が良いのですが，人間が対話的に操作したい場合は逆効果になります．つまり，progAとしては出力したつもりにもかかわらず，出力バッファに貯まって出て行きません．操作している人間から見ると応答がなく，progAは何も出力していないように見えてしまいます．

このような状況を防ぐために，flush=Trueと書いておくことで，この出力も含めてその時点で出力バッファに貯まった内容を強制的に吐き出させることができます．

● 出力バッファの設定

17行目と19行目でflush=Trueと書いているのは，即座に出力することを指定しています．これにより

17行目と19行目の出力内容は，出力バッファ（**コラム1**参照）に貯めずにすぐに出力されます．

20行目で0.1秒待ってメイン・ループ終了です．

④ Python用開発環境 Thonny Python IDE を使って Python プログラムの入力を支援する

リスト1を見ると，プログラムのソース・コードは何となく読めそうです．しかし，シェル・スクリプトほどではありませんがPythonもまたソース・コードの書き方に特徴のある言語です．そこで，ラズパイに

用意されているPython用開発環境であるThonny Python IDEを使って，入力を支援してもらうことにします．

（a）メニュー画面

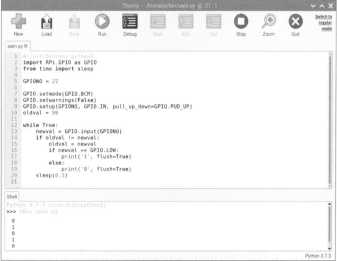

（b）Python用開発環境Thonny Python IDEの画面例

図3 開発環境 Thonny Python IDE の起動
最初からPythonの開発環境が用意されている

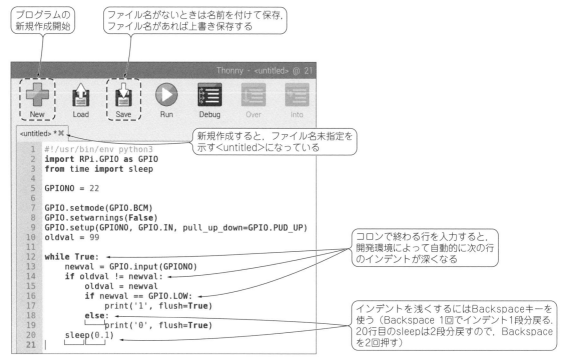

プログラムの
新規作成開始

ファイル名がないときは名前を付けて保存,
ファイル名があれば上書き保存する

Thonny - <untitled> @ 21

New　Load　Save　Run　Debug　Over　Into

<untitled> *✕

新規作成すると，ファイル名未指定を
示す<untitled>になっている

```
 1  #!/usr/bin/env python3
 2  import RPi.GPIO as GPIO
 3  from time import sleep
 4
 5  GPIONO = 22
 6
 7  GPIO.setmode(GPIO.BCM)
 8  GPIO.setwarnings(False)
 9  GPIO.setup(GPIONO, GPIO.IN, pull_up_down=GPIO.PUD_UP)
10  oldval = 99
11
12  while True:
13      newval = GPIO.input(GPIONO)
14      if oldval != newval:
15          oldval = newval
16          if newval == GPIO.LOW:
17              print('1', flush=True)
18          else:
19              print('0', flush=True)
20      sleep(0.1)
21  |
```

コロンで終わる行を入力すると，
開発環境によって自動的に次の行
のインデントが深くなる

インデントを浅くするにはBackspaceキーを
使う（Backspace 1回でインデント1段分戻る.
20行目のsleepは2段分戻すので，Backspace
を2回押す）

図4　プログラムの新規作成
Pythonはインデントを正確に入力する必要があるので，慣れるまでは開発環境の支援が重要

● **Python用開発環境Thonny Python IDEの起動**

図3に示すように，画面左上のラズパイのマークか
ら，［プログラミング］−［Thonny Python IDE］の順
に選んで，Python用開発環境を起動します.

● **プログラム入力**

図4のように，画面上部のNewボタンを押して新
しいプログラム作成画面を開いて入力していきます.
使い勝手は，普通のエディタと変わらないと思います.

ソース・コード内には，whileやifやelseの行
末にはコロン(:)があります. このコロンがある行を
入力すると，自動的に次の行のインデント(字下げ)が
深くなります.

しかし，18行目のelseや20行目のsleepのように，

インデントを浅くする行は，手動で対応する必要があ
ります. Backspaceキーを1回押すとインデントが1
段分戻ります.

入力が終われば，Saveボタンで保存します. ファ
イル名入力画面になるので，swin.pyという名前を付
けて保存します.

● **インデントに注意**

Pythonでは，インデントの深さが非常に重要です
(図5). 余分な空白を入れる，あるいは空白が足りな
いといった場合に，IndentationErrorというインデン
トのエラーが起こります.

例えばC言語であれば，かっこ{}によってブロッ
クを指定できます. Pythonでは同じインデントの深

```
while True:
    newval = GPIO.input(GPIONO)
    if oldval != newval:
        oldval = newval
        if newval == GPIO.LOW:
            print('1', flush=True)
        else:
            print('0', flush=True)
    sleep(0.1)
```

（a）Pythonではインデントの深さをプログラ
ムの構造に合わせる必要がある

```
    if (oldval == newval)
{
printf(・・・)
  }
    else {
    printf(・・・)
    }
```

（b）C言語ならインデントがデタラメでも問題
なく動作する（書き方として良くないが）

図5　Pythonのインデントに注意
Pythonの場合，インデントの深さに意味がある. 開発環境の機能を使ってインデントのエラーを防ぐことをお勧めする

さの部分が同じブロックになるので，インデントが少しでもずれるとブロックの範囲が正しくなくなります．

インデントが深くなる場合は開発環境にまかせて，インデントが浅くなる場合は他の行と正確に合わせてください．

⑤ **Python用開発環境Thonny Python IDEで スイッチ入力プログラムを実行してみる**

Pythonプログラムは，開発環境内で実行することができます．

図6のように，開発環境の画面上部にRunボタンがあります．このボタンを押すと実行して，Stopボタンを押すと実行を中断します．実行結果は画面下部のShellと書かれたところに表示されます．

このプログラムでも，今回は外付けプルアップ抵抗がないGPIOを使用していますが，スイッチの状態を正しく読み取れています．スイッチを離したときに1が読めるのは，SoC内のプルアップ抵抗が有効になっているためです．

また，画面右上にある「Switch to regular mode」を押した後，開発環境を再起動すると，画面表示がレギュラー・モードになります．画面のモードとしてはシンプル，レギュラー，エキスパートの3種類があるので，慣れたら使いやすい表示を選んでください．

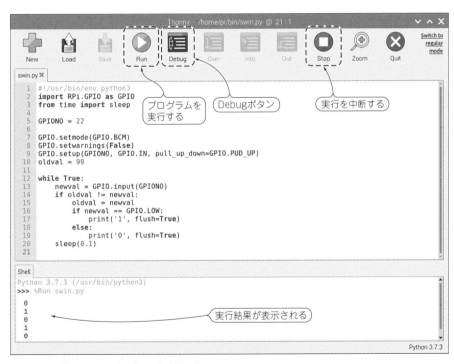

図6 開発環境でPythonプログラムを実行できる
Runボタンで実行，Stopボタンで停止できる．実行結果は画面下部に表示される

⑥ Python用開発環境Thonny Python IDEで スイッチ入力プログラムをデバッグする

図6でDebugボタンを押すと，デバッガが起動され，図7の表示になります．この行でソース・コードを見ながらステップ実行できます．

ソース・コードの黄色い行は，次に実行する行です．この画面でOverボタンを押すと，1行実行して黄色い行が次に進みます．

また変数の値がVariableのところに表示されます．1行ずつ実行していくと，変数値が書き換わっていくようすを確認できます．

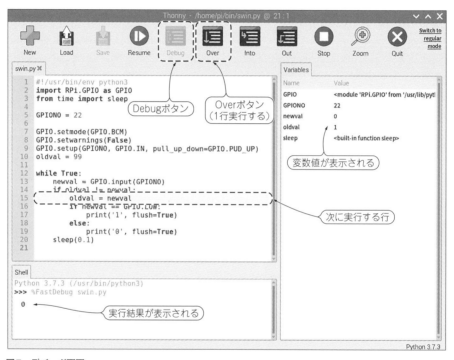

図7　デバッガ画面
図6でDebugボタンを押すとこの画面に移る．Overボタンで1行ずつ実行でき，Variablesに変数値が表示される

7 開発環境で動作確認ができたらコマンド・ラインで実行する

chmodコマンドで実行可能属性を付けることにより，実行可能プログラムにします（第4章参照）．シェル・スクリプトの場合と同様に，ラズパイはファイルの拡張子ではなく，パーミッションで実行プログラムかどうか判断します．

開発環境内で実行してみて，うまく動くことを確認してからコマンド・ラインで実行するのがお勧めです．

ここではswin.pyというファイル名にしたので，**図8**に示すようにコマンド・ラインからswin.pyと入力すれば実行できます．このように，シェル・スクリプトでも，Pythonで書いたプログラムでも，同様に実行できます．

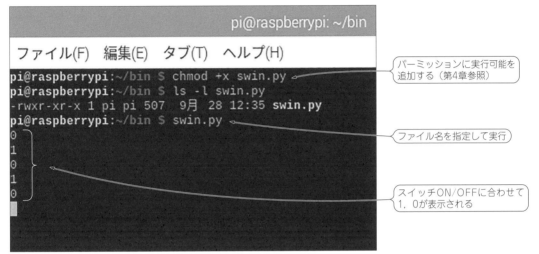

図8 コマンド・ラインから実行する
プログラミング言語は異なるが，シェル・スクリプトと同様に実行できる

⑧ PythonでLED出力プログラムを作る

● 作成するプログラム

標準入力から1，0を読み取ってLEDを点灯，消灯するプログラムをPythonで記述します．

念のため，回路図を図9に示します．第3章で使用した回路と同じですので，ブレッドボード上に残しておいた配線をそのまま利用できます．LED出力プログラムをPythonで書き直したものをリスト2に示します．ファイル名はledonoff0.pyとしました．

● 1行目～9行目の書き方はほぼ同じ

リスト2の1行目～9行目は，リスト1とほぼ同じです．異なる点は以下の2点です．

- GPIO23を使う：5行目でGPIONOの値を23にする
- 入出力方向を出力にする：9行目でGPIO.OUTを指定する．プルアップ抵抗の指定はしない

● メイン・ループ

11行目から無限ループに入り，ここからメイン・ループになります．

● 標準入力から読み取る

12行目のinput()があります．これで標準入力からの1行読み取りです．

● 入力値を判定する

標準入力から読み取った値を'0'と比較しているので，入力値が'0'なら真，'0'以外なら偽になります．

'0'が引用符付きなのは，これが文字列であることを表しています．Pythonでは，値が文字列か数値かを引用符の有無で区別します．5行目でGPIONOに代入している23は引用符がありません．これは23が数値であることを表します．

● GPIOに出力する

12行目で読み取った値に応じて，13行目と15行目ではGPIOに出力しています．

GPIOへの出力は，GPIO.outputで行います．引き数には出力するGPIO番号と値を指定します．"H"（3.3 V）を出力する場合はGPIO.HIGH，"L"（0 V）を出力する場合はGPIO.LOWを値として指定しています．

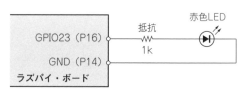

図9　外付けLEDを使った回路図（再掲）

リスト2　LED出力プログラム
標準入力から読み取った値により，GPIO23に出力する値を決める

```
1   #!/usr/bin/env python3 ◄──（このスクリプトを実行するにはpython3を使う）
2   import RPi.GPIO as GPIO ◄──
3   from time import sleep  }──（使用する機能を指定する）
4
5   GPIONO = 23 ◄──（使用するGPIO番号は23）
6
7   GPIO.setmode(GPIO.BCM) ◄──（GPIOに付ける番号体系をシェル・スクリプトに合わせる）
8   GPIO.setwarnings(False) ◄──（警告メッセージを出さない）
9   GPIO.setup(GPIONO, GPIO.OUT) ◄──（GPIO23を出力に設定する）
10
11  while True: ◄──（メイン・ループ）
12      if input() == '0':
13          GPIO.output(GPIONO, GPIO.LOW)
14      else:
15          GPIO.output(GPIONO, GPIO.HIGH)
```

標準入力を読み取り，
0が入力されれば"L"を出力（LED消灯）し，
0以外が入力されれば"H"を出力（LED点灯）する

⑨ Python用開発環境Thonny Python IDEで LED出力プログラムを実行してみる

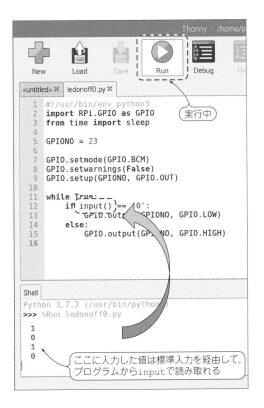

```
Thonny - /home/p
New    Load    Save    Run    Debug    Ov

<untitled> ×  ledonoff0.py ×

1   #!/usr/bin/env python3
2   import RPi.GPIO as GPIO
3   from time import sleep
4
5   GPIONO = 23
6
7   GPIO.setmode(GPIO.BCM)
8   GPIO.setwarnings(False)
9   GPIO.setup(GPIONO, GPIO.OUT)
10
11  while True:
12      if input() == '0':
13          GPIO.output(GPIONO, GPIO.LOW)
14      else:
15          GPIO.output(GPIONO, GPIO.HIGH)
16

Shell

Python 3.7.3 (/usr/bin/python)
>>> %Run ledonoff0.py

1
0
1
0
```

実行中

ここに入力した値は標準入力を経由して，プログラムからinputで読み取れる

図10 LED出力プログラムの実行
開発環境のShellの部分に入力した値は，プログラムでは input で読み取れる

LED出力プログラムを開発環境で実行します．

図10のように，開発環境の画面上部にあるRunボタンを押すと実行して，Stopボタンを押すと実行を中断します．

リスト1のスイッチ入力プログラムの場合は，**図6**のように実行結果が画面下部のShellと書かれたところに表示されました．

このプログラムの場合は，標準入力から値を読み取ってLEDを点灯，消灯します．標準入力をどのように行うかというと，プログラムを実行して，画面下部のShellのところに入力します．実際に1や0を入力すると，LEDが点灯，消灯します．

10 コマンド・ラインからLED出力プログラムを実行してみる

コマンド・ラインから実行することも可能です.

図11に示すように,chmodでパーミッションを設定した後,実行します.

標準入力の入力待ちになるので,1や0を入力すると,それに応じてLEDが点灯,消灯します.

なお,標準入力からの入力は,Pythonのinputで読み取ると文字列になります.標準入力には'1'や'0'を入力するのではなく,1や0をそのまま入力すればOKです.

また,プログラムを終了するには［Ctrl］＋C（画面上は＾C）を入力しますが,入力すると**図11**のような表示が出ます.これが何を表しているのか,出ないようにするにはどうするかは第9章で説明します.

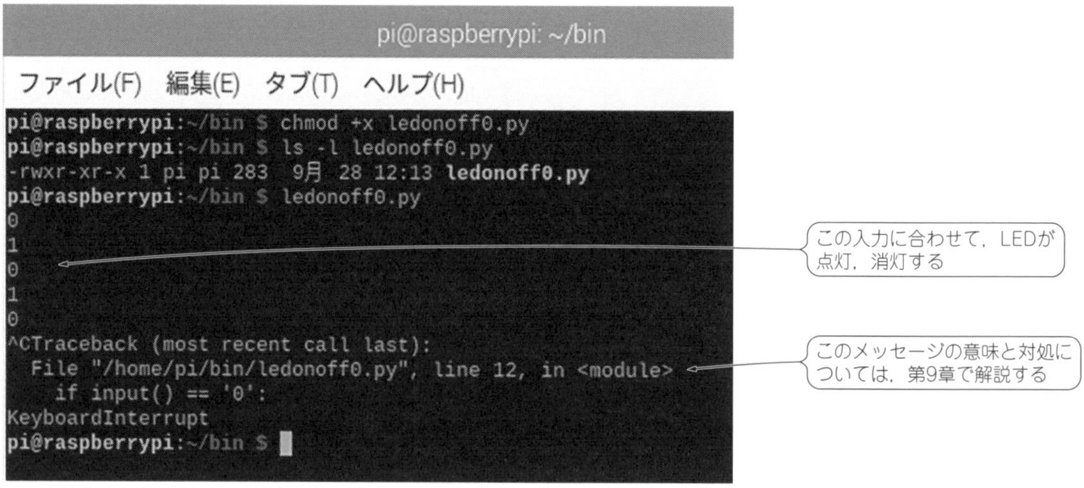

この入力に合わせて,LEDが点灯,消灯する

このメッセージの意味と対処については,第9章で解説する

図11 コマンド・ラインからLED出力プログラムを実行する
シェル・スクリプトと同様の動作を行うが,［Ctrl］＋C（画面上は＾C）で実行中断時に何かメッセージが出る

column ▶ 02 シェル・スクリプトやPythonプログラムの 1行目の役割

永原 柊

シェル・スクリプトの1行目

シェル・スクリプトでは，#!/bin/shと書いていました．

● これはコメント行

先頭の#はシェル・スクリプトではコメントです．1行目に限らず，ソース・コード中に#が出てくると，#から行末まではコメントとして扱われます．

● #!の組み合わせに意味がある

この行はシェル・スクリプトとしてはコメントですが，ラズパイでは#!の組み合わせに意味があります．

ラズパイはプログラム（例えばswin.sh）を実行するとき，まずファイルの先頭を見ます．これが#!であれば特別な処理を行います．

例えばC言語で書いたソース・コードをコンパイルした場合，実行プログラムの先頭は#!ではありません．ラズパイはそのプログラムを直接実行します．

● スクリプトを実行するプログラムを指定する

一方スクリプトの場合，プログラムは人間が読めるテキスト形式になっていて，ラズパイは直接実行できません．そこで，スクリプトを解釈して実行するプログラムが必要になります．

1行目の#!の後には，この「解釈して実行するプログラム」を，ルート・ディレクトリからの絶対パスで指定します．#!/bin/shと書くと，/bin/shになります．/bin/shはシェル本体です．シェル・スクリプトなのでこれでOKです．

● プログラム実行時のようす

プログラム実行時のラズパイ内部の動きを簡単に書くと次のようになります．

(1) ラズパイはswin.shの実行を指示されると，ファイルの先頭の2バイトを読み取り，#!なのでスクリプトであると理解する

(2) 続いて#!の後に続く文字列を読み取り，/bin/shであることがわかる

(3) ラズパイは/bin/shを起動して，そのプログラムにユーザから指定されたswin.shの実行を指示する

(4) /bin/shはswin.shというシェル・スクリプトを読み取って実行する．そのとき，1行目に#!/bin/shと書かれた行が出てくるが，#で始まる行はシェルにとってはコメントなので，読み飛ばしていく

Pythonプログラムの1行目

Pythonプログラムも，シェル・スクリプトと同様にスクリプトの一種です．そのため，1行目は#!から始まる必要があります．問題は，その後に/usr/bin/env python3と書いてあるところです．

● そもそも，なぜ/bin/shと書けたか

shというプログラムは古くからあって，必ず/binディレクトリにあることがわかっています．

● Pythonはどこにあるのか

Python3はどこにあるのでしょうか．ラズパイでは/usr/bin/python3にあります．しかし世界中の全てのコンピュータでそのディレクトリにあるとは言えません．

● プログラムを探して実行するプログラムを指定する

そこで，/usr/bin/envというプログラムで，2段階でPython3などのプログラムを起動する方法が用いられています．

envプログラムは，引き数で指定したプログラムを探して実行する，という機能があります．例えば/usr/bin/env python3と書くと，python3というプログラムがどこにあっても，パスが通っていれば起動します．

● Pythonに限った話ではない

ここでは例としてPythonを使いましたが，それ以外にもインストール先が確実でない場合に，この書き方が使えます．

異なる言語のプログラムも組み合わせる

永原 柊 Shu Nagahara

これまでの章では，シェル・スクリプトとPython
で書いたプログラムを作り，それぞれ個別に動作する
ことを確認してきました．また，シェル・スクリプト
どうしなら，スイッチ入力プログラムとLED出力プ

ログラムを，パイプでつなぐことで組み合わせて動か
すことができました［図1(a)］．
　本章では，Pythonで書いたプログラムとシェル・
スクリプトを組み合わせて使ってみます．

① Pythonで書いたプログラムとシェル・スクリプトを組み合わせて動かしてみる

　Pythonで書いたスイッチ入力プログラム（第8章の
リスト1）と，シェル・スクリプトで書いたLED出力
プログラム（第7章のリスト1）を，図1(b)のように組
み合わせて使ってみます．

　なお，第8章のリスト1は，もともとシェル・スク
リプトで書いたプログラム（第5章のリスト1）を
Pythonで書いたプログラムに置き換えたものです．

シェル・スクリプトで書いた
スイッチ入力プログラム

シェル・スクリプトで書いた
LED出力プログラム

📺 192.168.1.22 - pi@raspberrypi: ~/bin VT

ファイル(F) 編集(E) 設定(S) コントロール(O) ウィンドウ(W) ヘルプ(H)

パイプ

pi@raspberrypi:~/bin $ swin.sh | ledonoff.sh

（a）シェル・スクリプトで書いた2つのプログラムを組み合わせる

置き換え

Pythonで書いた
スイッチ入力プログラム

📺 192.168... pi: ~ VT

ファイル(F) 編集(E) 設定(S) コントロール(O) ウィンドウ(W) ヘルプ(H)

パイプ

pi@raspberrypi:~ $ swin.py | ledonoff.sh

（b）Pythonで書いたプログラムとシェル・スクリプトで書いたプログラムを組み合わせる

図1　異なる言語で書いたプログラムを組み合わせて使う
シェル・スクリプトで書いたスイッチ入力プログラムをPythonで書いたスイッチ入力プログラムに置き換えても，シェル・スクリプトで書いたLED出力プログラムと組み合わせて正しく動作する

②Pythonで書いたプログラムとシェル・スクリプトを 組み合わせても問題なく動作する理由

Pythonで書いたプログラムとシェル・スクリプトの組み合わせでも動く理由を，イメージで示すと**図2**のようになります．

ハードウェアで例えてみると，互換チップのように，仕様が同じであれば基本的には置き換えることができます［**図2(a)**］．

シェル・スクリプトで書いたプログラムとPythonで書いたプログラムについても，仕様が同じであれば同様に置き換えられます［**図2(b)**］．

ここで重要なのは，この2つのプログラム間がパイプで接続されていることです．1つのラズパイ内ではありますが，パイプは通信の一種です．

スイッチ入力プログラムとLED出力プログラムは通信で切り離されているので，仕様が同じプログラムであれば実装に使う言語が異なっても置き換えることが可能です（スイッチがつながるGPIO番号は違うが，そこは気にしない）．

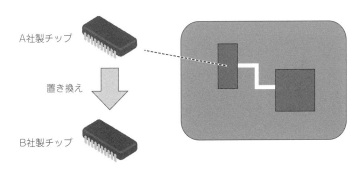

（**a**）ハードウェアなら仕様が同じであれば置き換えても動作する

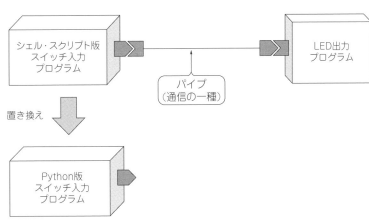

図2 「置き換えても正しく動く」 理由(イメージ)

（**b**）プログラムも仕様が同じであれば置き換えても動作する

③ 他の言語で書いたプログラムでもパイプでつないで動かせる

● プログラムをパイプでつなぐ

異なる言語のプログラムでも，パイプでつなぐことにより組み合わせて使うことができます．

ここでは取り上げませんでしたが，例えばC言語で書いたプログラムと組み合わせることも可能です．

● 1つの大きなプログラムを作るのではなく，小さいプログラムを組み合わせる

小さいプログラムを組み合わせて動かせるというのは，ソフトウェアで部品を作って，パイプでつないで動かすようにも見えます．

複数のプログラムのソース・コードを1つにまとめるためには，そもそもプログラミング言語が一致している必要がありますし，複雑なプログラムは不具合が起こりやすく面倒です．それに対して個別の部品を組み合わせれば，そういう問題はなくなります．

なにより，小さいプログラムは作るのが簡単ですし，動作確認も簡単です．お勧めの開発方法です．後の章では，より多くのプログラムを組み合わせてみます．

④ 実行中断時に出るメッセージはキーボードからの割り込みがあったことを知らせる

● 実行中のプログラムを中断してみる

Pythonプログラム実行中に［Ctrl］＋Cで実行を中断すると，図3のようなメッセージが出ます．何かエラーが起こっているようで，気になるかもしれません．

結論から言うと，これはエラーではありません．キーボードからの割り込みでプログラムの実行を中断した，というお知らせのメッセージです．

とはいえ，ユーザからすると自分で実行を中断しているのだから，こういう紛らわしいメッセージは不要であり，エラーでなければメッセージが出ないほうがよいと思うかもしれません．

そこで，［Ctrl］＋Cで実行を中断したときのメッセージを出さないようにします．当然ですが，エラーなど，［Ctrl］＋Cで中断する以外の理由で発生するメッセージは今までどおり表示されます．

● 中断の要因はキーボードからの割り込み

図3で表示されているメッセージをよく見てみると，

実行を中断したときに実行していた行と，中断の要因が表示されています．

図3でいえば，20行目のsleep(0.1)を実行中に中断されたことがわかります．中断の要因はKeyboardInterrupt，つまりキーボードからの割り込みです．［Ctrl］＋Cで実行を中断すると，Pythonプログラムでは KeyboardInterrupt が発生したとして扱われていることがわかります．

それなら，このKeyboardInterruptが発生したときに，プログラムをふつうに終了させればよさそうです．

図3のメッセージが表示される理由をもう少し正確に言うと，KeyboardInterruptが発生したにもかかわらず，処理していないからです．

プログラム実行中にいろいろなエラーなどの出来事が起こり得ます．そのうち，あらかじめわかっている出来事は，処理すれば問題ではなくすることができます．図3のようなメッセージは，何か発生した出来事を処理していない，ということを表します．

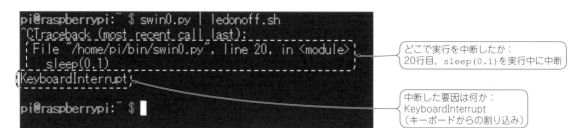

図3　実行中断時のメッセージ
最後に実行していた行番号と，中断した要因が表示されている

5 キーボードからの割り込みを処理するように プログラムを変更する

ここでは，KeyboardInterruptを処理するよう変更します．Pythonには，KeyboardInterruptのような割り込み（例外とも言う）を処理する機能が用意されています．リスト1に，その機能を利用するようにswin.pyを変更したプログラムを示します．

● まずtryで例外を扱う範囲の開始を示す

whileで無限ループに入る前に，try:と書きます．これは，ここから後のexceptの行までの間で何か例外が発生したら，exceptの行に飛ぶ，という区間の始まりを示します．

● 例外の処理のしかたを書く

whileの無限ループの次の行に，except KeyboardInterruptと書いています．これは，

tryの行からここまでの範囲でKeyboardInterruptが発生したらこの行に飛ぶ，ということです．

この行に飛ぶと，GPIOの後始末を行うGPIO.cleanup()を呼び出しています．このプログラムでは，これでKeyboardInterruptの処理は完了です．

● 例外の処理が終わると

これが終われば，次の行に進んで，ふつうにプログラムを終了します．

これまではKeyboardInterruptを処理していなかったのでメッセージが出ていたのであり，リスト1のように処理すればメッセージは出なくなります．

実行してみると，[Ctrl]＋Cで中断してもメッセージが表示されないことを確認できます．

リスト1 swin.pyで，[Ctrl]＋Cによる実行中断を扱う処理（抜粋）
tryからexceptの間でKeyboardInterruptが発生した場合に，問題なくプログラムを終了させる処理をexceptの後に記述する

```
#!/usr/bin/env python3
import RPi.GPIO as GPIO
from time import sleep
GPIONO = 22
GPIO.setmode(GPIO.BCM)
GPIO.setwarnings(False)
GPIO.setup(GPIONO, GPIO.IN, pull_up_down=GPIO.PUD_UP)
oldval = 99
try:                          ← ここから，後のexceptまでの間で何か例外（割り込み）が
                                 発生したら，exceptの行に飛ぶ，という区間の始まり
    while True:
        newval = GPIO.input(GPIONO)   ← 例外が発生したらexceptに飛ぶ区間
        if oldval != newval:
            oldval = newval
            if newval == GPIO.LOW:
                print('1', flush=True)
            else:
                print('0', flush=True)
        sleep(0.1)            ← tryからここまでの間で，[Ctrl]＋Cによって実行が中断して
                                 KeyboardInterruptが発生したらここに飛ぶ
except KeyboardInterrupt:
    GPIO.cleanup()           ← GPIOの後始末をして，そのままプログラム終了
```

ラズパイの世界 ハード&ソフト I/O制御の基本 よく使うI/O カメラ&ネット 実用的に動かす

GPIO割り込み制御

永原 柊 Shu Nagahara

第8章で使用したラズパイ用のGPIOライブラリRPi.GPIOでは，GPIOの変化でソフトウェア的な割り込みを発生させることができます（本書では，これをGPIO割り込みと呼ぶ）．ここでは，スイッチを押すとソフトウェア的な割り込みハンドラが呼び出されるプログラムを作ってみます．

① GPIOの入力が変化したときに割り込みを発生させる機能がある

ラズパイが時間がかかる処理を継続的に行っている途中で，ユーザがスイッチを押したら，実行中の処理に割り込んで何か特別な処理を行いたい，という場合を考えます．図1では，スイッチを押すと画面に1を表示する（標準出力に1を出力する）例です．

単純に実現しようとすると，ラズパイが全力で実行しているプログラムの途中に，スイッチがつながっているGPIOを監視する処理を入れる必要があります．しかし，このやり方はプログラムのどこでスイッチを監視すればよいかなど考えることが多く，汎用性がありません．

図2に示すように，スイッチがつながっているGPIOへの入力が変化したときに，割り込みを発生できれば解決できそうです．

このように，GPIOの入力が変化したときに割り込みを発生させる機能を，ここではGPIO割り込みと呼びます．

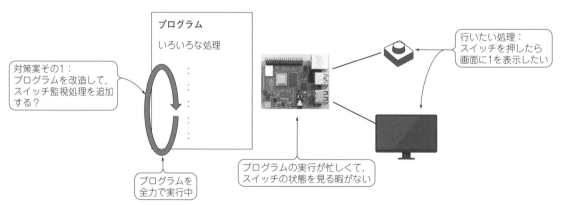

プログラム
いろいろな処理

対策案その1：
プログラムを改造して，スイッチ監視処理を追加する？

プログラムを全力で実行中

行いたい処理：スイッチを押したら画面に1を表示したい

プログラムの実行が忙しくて，スイッチの状態を見る暇がない

図1 プログラムを全力で実行中のラズパイに対して，スイッチ入力に反応してもらうにはどうすればよいか？
プログラムの中にスイッチ監視処理を追加する方法もあるが，汎用性がなくイマイチ

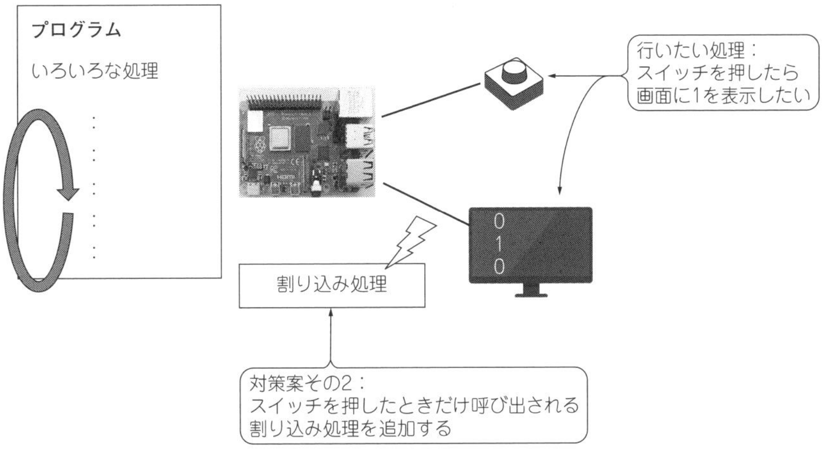

図2 GPIOの値の変化による割り込み処理を利用する
もとのプログラムを変更することなく実現できそう

行いたい処理：
スイッチを押したら
画面に1を表示したい

割り込み処理

対策案その2：
スイッチを押したときだけ呼び出される
割り込み処理を追加する

② GPIO割り込みを使ったプログラムの作成

● GPIO割り込みの設定

それぞれのGPIOピンに対して，入力の立ち上がりエッジ，立ち下がりエッジ，両エッジで変化が生じたときのいずれかで，自動的にPythonの関数を呼び出すように設定できます．

いったん設定しておけば，GPIOの入力が設定した変化をしたとき，プログラムの実行状態によらずに指定した関数が呼び出されます．

● 作成したプログラム

作成したプログラムを**リスト1**に示します．

一見，今までとようすが違うと感じるかもしれませんが，6行目までは今までと同じです．

● 呼び出される関数の定義

7行目からは，GPIOの状態が変化したときに呼び出される関数です．defが関数を定義していることを表します．swonが関数名で，引き数が1つ渡されます．引き数の値は，GPIO番号です．引き数の名前はgpio_pinにしました．

8行目は，gpio_pin(渡されたGPIO番号)がここで使っているGPIO22と一致するかどうか確認しています．このプログラムではGPIO割り込みを使うのが1カ所だけなので，この確認は必須ではありませんが，複数のGPIOに対して1つの関数で処理したい場合，gpio_pinの値によって処理を分けることになります．

9行目と10行目では，値を出力しています．このプログラムでは，スイッチが押されたら1，0を連続して出力しています．

Pythonには関数の定義の終わりを示す記号はなく，終わりはインデントの深さで判断します．1行空けて12行目のGPIO.setmodeはインデントが左端に戻っているので，関数の定義は10行目までです．

● GPIOの設定

12行目〜15行目は，GPIOの設定を行います．

今までと違うのは15行目だけです．この行で，GPIOの割り込みの設定を行っています．15行目のGPIO.add_event_detectでは4つの引き数を指定しています．

- 第1引き数は対象となるGPIO番号を指定します．ここではスイッチがつながるGPIO22です．
- 第2引き数は，入力の立ち上がりエッジ(GPIO.RISING)，立ち下がりエッジ(GPIO.FALLING)，両エッジ(GPIO.BOTH)のどれで割り込みを発生させるかを指定します．ここでは，プルアップしているスイッチを押してGPIO入力がGNDレベルになったときを知りたいので，立ち下がりエッジです
- 第3引き数は，割り込み発生時に呼び出す関数を指定します．ここでは先ほど定義したswon関数を指定しています．このように，関数名だけを指定します．
- 第4引き数は，チャタリングの影響を軽減するため，次の割り込みが発生するまでの待ち時間を指定します．ただし，私が使ったスイッチのためか，私の環境ではあまり効果を実感できませんでした．

リスト1 GPIO割り込みプログラム
GPIO入力が指定した変化(ここでは立ち下がり)をした場合に,設定したGPIO割り込み処理関数が呼び出される

```python
 1  #!/usr/bin/env python3
 2  import RPi.GPIO as GPIO
 3  from time import sleep
 4
 5  GPIONO = 22
 6
 7  def swon(gpio_pin):
 8      if gpio_pin == GPIONO:
 9          print('1', flush=True)
10          print('0', flush=True)
11
12  GPIO.setmode(GPIO.BCM)
13  GPIO.setwarnings(False)
14  GPIO.setup(GPIONO, GPIO.IN, pull_up_down=GPIO.PUD_UP)
15  GPIO.add_event_detect(GPIONO, GPIO.FALLING, callback=swon, bouncetime=100)
16
17  try:
18      print('0', flush=True)
19      while True:
20          sleep(1)
21  except KeyboardInterrupt:
22      GPIO.cleanup()
```

GPIO割り込み処理関数.引き数gpio_pinには,割り込みが発生したGPIO番号が入っている

割り込みが発生したGPIO番号がGPIO22かどうか確認

値を出力

インデント(字下げ)から,swon関数の定義はこの範囲であることがわかる

GPIOの設定

GPIO22の入力の立ち下がりエッジで,callbackで指定したswon関数が呼び出される

無限ループ(プログラム本体の処理)

キーボードで「Ctrl」+Cが入力された場合の実行中断処理

● **無限ループ**

17行目からはプログラム本体の無限ループに入っていきます.[Ctrl]+Cで中断したときのための記述(try~except)を行い,まず0を出力します.その後は,ひたすら無限ループでsleepし続けます(さきほどの説明ではプログラムを全力で実行している場合について書いたが,ここでは全力でsleepしている).

もしキーボードから[Ctrl]+Cが入力されて実行が中断されれば,21行目に進んで後始末を行います.

このように,このプログラムでは,割り込み処理のswon関数で大半の処理を行います.プログラム本体には,GPIO.add_event_detectを追加しただけで,プログラム途中でスイッチの状態を監視するようなことは行っていません.

③ GPIO割り込みを使ったプログラムを実行してみる

このプログラムを実行すると,まず0が出力され,スイッチを押すたびに1,0が連続して出力されます.メイン・ループでは繰り返しsleepしているだけですが,swon関数が呼び出されているためです.これはつまり,GPIO割り込みが機能しているということです.

このプログラムではsleepしていますが,ふつうに処理を実行していても,スイッチ入力でGPIO割り込みが発生します.

ただし,筆者が使っているスイッチはチャタリングが大きいためなのか,スイッチを1回押しても1,0が

2回以上出力されることがありました.ハードウェア的にチャタリングを抑えるような対策も必要かもしれません.

*   *   *

以上のようにGPIO.add_event_detectの設定を行っておくだけで,割り込み処理関数へのコールバックが行われることが確認できました.GPIOの状態をポーリングだけで確認するのは難しい場合があるので,必要な場面で有効活用していければよいと思います.

第3部

よく使う
PWM&通信の制御

第11章 アナログ的な出力の定番…ぼんやりLED点灯

よく使うPWM出力の制御

永原 柊 Shu Nagahara

　本章では，PWM（Pulse Width Modulation；パルス幅変調）出力を試してみます．本書で使用しているラズパイ用のGPIO制御ライブラリRPi.GPIOでは，ソフトウェアでPWM出力を実現する機能が用意されています．これを使ってPythonプログラムでLEDをぼんやり点灯させてみます．

① LEDの明るさを制御するPWM出力のしくみ

　第7章などで説明したLED制御のプログラムでは，LEDは完全な点灯状態か完全な消灯状態しかなく，20％くらいの明るさでぼんやり点灯するといったことができません．これはディジタル出力機能が1か0しか出力できないので，やむを得ません．

　しかし，もし点灯と消灯を高速に切り替えることができるのなら，点灯時間を20％で消灯時間を80％にして高速に切り替えれば，人間の目には疑似的に20％の明るさに見えそうに思えます．

　PWM出力は，1と0を出力する時間の比率を変えてディジタル出力を行う機能です．この機能を応用すると，図1に示すように擬似的なアナログ信号を出力できます．

　点灯する時間と消灯する時間の比率を同じにすると中間的な明るさになり［図1(a)］，点灯する時間を長くするとやや明るく［図1(b)］，点灯する時間を短くするとやや暗く［図1(c)］なります．

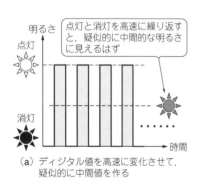

（a）ディジタル値を高速に変化させて，疑似的に中間値を作る

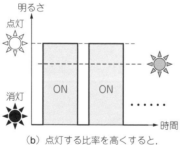

（b）点灯する比率を高くすると，明るく光る

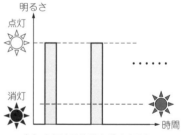

（b）点灯する比率を低くすると，暗くなる

図1　PWM出力のイメージ

②LEDの明るさを制御するプログラムを作る

● 作成したプログラム

動作確認のために作成したプログラムをリスト1に示します.

12行目までは第8章と同様なので説明を省略します.6行目と7行目は,定数に名前を付けているだけです.

● PWM出力の設定

13行目は,PWM出力に使うGPIO番号と,PWM周波数を指定しています.ここではGPIO番号としてGPIO23,PWM周波数はPWMFREQを指定しています.PWMFREQ変数は6行目で50 Hz(20 ms周期)にしています.

14行目で,PWM出力を開始します.pwm.start()の引き数には,デューティ比を0.0から100.0の間の小数で指定します.ここではPWMINITを指定していて,その値は7行目に書いたように0.0なので,初期状態ではPWM出力はずっと"L"の状態です.

● デューティ比を読み取る

16行目は[Ctrl]+Cで中断したときの対応です.17行目から無限ループに入ります.

18行目で標準入力から読み取って変数pwmvalに代入していますが,float()というものが新規です.pwmvalには0.0~100.0の数が入ります.

Pythonでは,文字列と数値を明確に区別します.input()で標準入力から読み取ったものは,文字列です.これは数値ではないので,この文字列をそのままPWMデューティ比として指定に使うことはできません.そこで,float()を使って文字列を小数に変換しています.

もし小数に変換できない文字が入っていると,エラーが発生してプログラムは終了します.エラーで終了するのを避けるには,exceptでエラー処理を行う必要がありますが,ここでは省略します.

● デューティ比を設定する

19行目では,18行目で読み取った数値をデューティ比として設定しています.その設定には,pwm.ChangeDutyCycle()を使います.繰り返しになりますが,指定できる数値は0.0~100.0です.

● プログラムを実行してみる

このプログラムを実行すると,まずLEDが消灯した状態になります.

キーボードから10.0や22.5など0.0~100.0の値を与えると,その値に応じてLEDの明るさが変わります.大きい値のほうが明るくなります.

リスト1 PWM出力プログラム(pwm.py)
入力されたPWM値に応じて,PWM出力のデューティ比を変える

```
1   #!/usr/bin/env python3
2   import RPi.GPIO as GPIO
3   from time import sleep
4
5   GPIONO = 23
6   PWMFREQ = 50
7   PWMINIT = 0.0
8
9   GPIO.setmode(GPIO.BCM)
10  GPIO.setwarnings(False)
11  GPIO.setup(GPIONO, GPIO.OUT)
12
13  pwm = GPIO.PWM(GPIONO, PWMFREQ)
14  pwm.start(PWMINIT)
15
16  try:
17      while True:
18          pwmval = float(input())
19          pwm.ChangeDutyCycle(pwmval)
20  except KeyboardInterrupt:
21      GPIO.cleanup()
```

定数に名前を付ける

PWM出力に使うGPIO番号と,PWM周波数を指定する.GPIO23でPWM周波数50 HzのPWMを使う

デューティ比0.0(つまり出力はずっと"L")でPWM出力開始

[Ctrl]+Cで中断したときの対応を記述(try~except)

無限ループに入る

入力文字列を小数に変換する

デューティ比を設定

③ 複数のプログラムを組み合わせて作る プログラムの全体イメージ

スイッチを押すとLEDの明るさが変わるようにしてみます．ここでは，パイプを使ってプログラムを組み合わせて実現します．

● 作成するプログラムのイメージ

スイッチの入力をPWM値に変換するプログラムの名前をsw2pwm.pyとします．このプログラムを実行するには，コマンド・ラインから次のように実行します．

```
swin.py | sw2pwm.py | pwm.py
```

このコマンド・ラインの解釈のしかたを図2に示します．

swin.py（第7章のリスト1）はスイッチを押すと1，離すと0を出力します．

sw2pwm.py（これから作る）は，1が入力されるたびに，PWM値として受け入れられる範囲内で，出力する値が増加するプログラムです．例えば，出力する初期値は0.0で，1が入力されるたびに出力する値は10.0ずつ増えて，もし出力する値が100.0を超えたら0.0に戻る，という動作をします．

pwm.py（リスト1）は，入力された0.0～100.0の値に応じて，PWM出力のデューティ比を変えます．

● 標準入力を読み取って標準出力に書き出すプログラムはフィルタと呼ばれる

sw2pwm.pyのように，標準入力を読み取って，何らかの処理を行い，標準出力に書き出すプログラムは，Raspberry Pi OSではフィルタ・プログラムと呼ばれます．

フィルタ・プログラムは，スイッチやLEDといったハードウェアの操作を行いません．

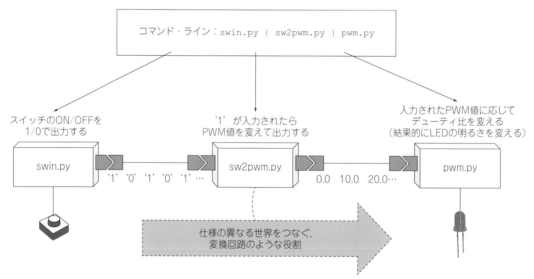

図2 3つのプログラムをパイプでつないで使う
仕様の異なるプログラムをつないで利用できる

4 スイッチ入力をPWM値に変換するプログラムを作る

● 作成したプログラム

スイッチ入力をPWM値に変換するプログラムをリスト2に示します．プログラムとしては単純です．

このプログラムはGPIOを使わず，sleepもしないので，今までのようにGPIOやsleepに関するimportを書く必要がありません．

8行目でPWMの初期値を出力して無限ループに入ります．

その後は，標準入力から1が入力されれば，出力する値をPWMSTEPだけ増やしていきます．もし最大値PWMMAXを超える場合は，最小値PWMMINからやり直します．

● passとは何か

17行目のpassは何もすることがない，という意味です．

KeyboardInterruptを処理するために，except KeyboardInterruptと書いています．そして次の行から処理内容を書く必要があります．しかし，このプログラムはGPIOの後始末などが不要で，単に終了するだけですみます．

Pythonの仕様で，ここには何か処理を書く必要がありますが，何もすることがありません．そういう場合にpassと書きます．もし仕様変更などで処理することが出てきたら，passの代わりに必要な処理を書きます．

なお，すでに見たように，このexcept KeyboardInterrupt自体を削除すると，KeyboardInterruptを処理しないことになるので，[Ctrl]＋Cを入力するとメッセージが表示されます．

リスト2　スイッチ入力をPWM値に変換するプログラム(sw2pwm.py)
入力値から出力値を計算するフィルタ・プログラム

```
1  #!/usr/bin/env python3
2                          （GPIOもsleepも使わないので，importを書いていない）
3  pwm = 0.0
4  PWMMIN  = 0.0
5  PWMMAX  = 100.0
6  PWMSTEP = 10.0
7
8  print(pwm, flush=True)
9  try:
10     while True:
11         if input() == '1':                1が入力されれば，出力する値をPWMSTEPずつ増やしていき，
12             pwm += PWMSTEP                 PWMMAXを超えるとPWMMINを出力する
13             if pwm > PWMMAX:
14                 pwm = PWMMIN
15             print(pwm, flush=True)
16 except KeyboardInterrupt:                 [Ctrl]＋Cで中断された場合，何もすることがない
17     pass                                  （「何もすることがない」を明示するときpassと書く）
```

5 作成したプログラムの動作を確認する

単体で実行して動作を確認し，次にパイプでつないで他のプログラムと連携させてみます．

● 単体で動かす

まずsw2pwm.py単体で動作させてみます．実行すると0.0と出力して入力待ちで止まります．

キーボードから1 [Enter] を入力すると，出力する値が10.0増えます．さらに1を入力し続けると，出力値が増えていきます．

出力する値が100.0の状態でさらに1を入力すると，出力する値は0.0に戻ります．

● パイプでつないで動かす

コマンド・ラインから3つのプログラムをパイプでつないで動かすと，スイッチを押す度にLEDが明るくなり，あるところまで明るくなった状態でさらにスイッチを押すと，消灯状態に戻ります．

⑥ デバッグするための手法① …1つずつ動かすプログラムを増やしていく

このようにパイプでつないだプログラムのデバッグのしかたについて，ヒントを紹介します.

今回のように，swin.py | sw2pwm.py | pwm.pyを実行する場合を考えてみます. まずswin.py単体で動作を確認して，次にswin.py | sw2pwm.py を実行して…というように，実行するプログラムを1つずつ増やしていく方法があります(図3).

あるいは，まずpwm.py単体で動作確認して，次にsw2pwm.py | pwm.pyを…と後ろから1つずつ増やす方法など，バリエーションはありそうです.

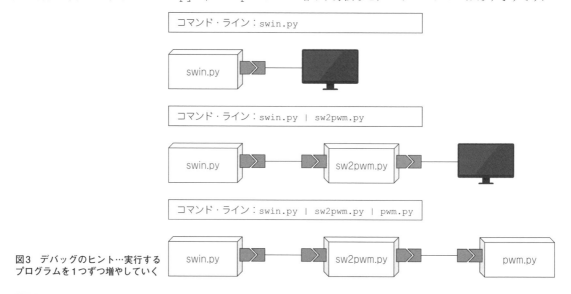

図3　デバッグのヒント…実行するプログラムを1つずつ増やしていく

⑦ デバッグするための手法②…ファイルを活用する

● 標準出力をファイルに書き出して後で確認する

動かすプログラムによっては，大量のデータを標準出力に出すことがあります. そのような大量のデータを画面で目視により確認するのは面倒です. そこでファイルに書き出して後で確認することが考えられます.

ラズパイでは，図4のようにコマンド・ラインでプログラム名の後に「> ファイル名」と書けば，そのプログラムの標準出力の内容をファイルに書き出せます. また「>> ファイル名」と書けばファイルに追記できます.

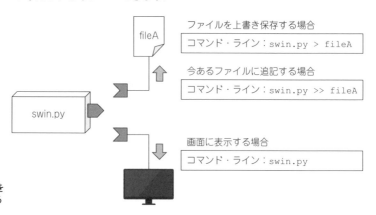

図4　デバッグのヒント…標準出力をファイルに書き出して，後で確認する

もしsw2pwm.pyとpwm.pyの組み合わせでファイル出力の機能を使いたい場合，次のように書くとsw2pwm.pyの出力をファイルに書いてしまい，pwm.pyには入力されずうまくいきません．

```
sw2pwm.py > ファイル名 | pwm.py
```

この場合，後述するteeコマンドを使います．

● ファイルから標準入力に読み込む

図5のように，ファイルを標準入力につないで，ファイルの内容をキーボードから読み取ったかのように扱うことができます．同じファイルを使えば，プログラムに毎回同じ入力を与えることができます．

ラズパイではコマンド・ラインでプログラム名の後に，「<ファイル名」と書きます．

sw2pwm.pyとpwm.pyの組み合わせでファイル入力の機能を使う場合，次のように書きます．

```
sw2pwm.py < ファイル名 | pwm.py
```

sw2pwm.pyの出力はパイプに書かれるので，pwm.pyは問題なく動作します．

● ファイルから読み込んでファイルに書き出す

前の2つを組み合わせると，プログラムは入力をファイルから読んで，出力をファイルに書く，ということができます．図6を見てください．

ラズパイではコマンド・ラインでプログラム名の後に，「< 入力ファイル名 > 出力ファイル名」のように書きます．

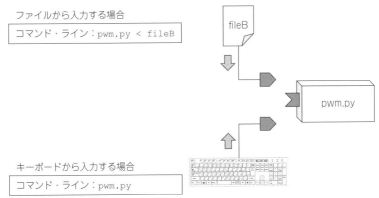

図5 デバッグのヒント…入力内容を事前にファイルで用意しておいて，標準入力から入力する

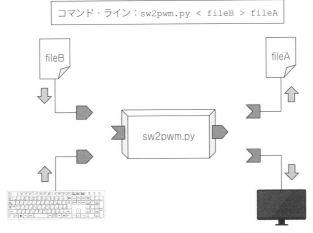

図6 デバッグのヒント…標準入力をファイルから読んで標準出力をファイルに書く

8 デバッグするための手法③ …teeコマンドを使ってファイルへの書き出しとパイプを両立させる

プログラムの標準出力は1つしかないので，標準出力をファイルにつなぎながら，同時にパイプにもつなぐ，ということはできません．

これを解決するために，teeコマンドがあります．このコマンドは，「標準入力から読み取ったものを，引き数で指定されたファイルに書きつつ，標準出力にも書く」という動作をします．標準出力にパイプをつなげば，先ほどの問題は解決します．言わば，標準出力を2つに分けているようなものです．

● ファイルへの書き出しと標準出力を両立する記述

コマンド・ラインでは次のように書きます．

```
sw2pwm.py | tee ファイル名 | pwm.py
```

teeコマンドは1つのコマンド・ラインに何回書いてもかまいません．図7は，2カ所でteeコマンドを使っています．

● 2つのファイルに書き出す記述

teeコマンドの標準出力はパイプにつなぐこともできますし，ファイルに書くこともできます．次のように書けば，progAの出力を，ファイルAとファイルBの両方に書きます．

```
progA | tee ファイルA > ファイルB
```

```
コマンド・ライン：swin.py | tee fileA | sw2pwm.py | tee fileB | pwm.py
```

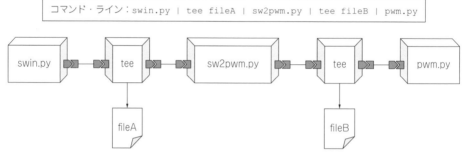

図7 デバッグのヒント…teeコマンドで標準入力から読み取った内容をファイルに書きつつ，標準出力にも書く

9 デバッグするための手法④ …tailコマンドを使ってファイルの内容をリアルタイムに参照する

プログラムの出力をファイルに書く場合，あとで内容を参照するだけでなく，実行中の時点で内容を確認したいこともあるでしょう．そういう場合はtailコマンドを使います．

次のように書けば，ファイルの最新の状態をリアルタイムに参照できます．

```
tail -f ファイル名
```

tailコマンドは，デフォルトではファイルの末尾10行を表示するコマンドです．-fオプションをつけると，最新のファイル末尾の内容を表示します．

デバッグに使うファイルやログ・ファイルの場合，ファイルの内容がどんどん追加されていきます．`tail -f ファイル名`でtailコマンドを実行すると，ファイルの内容を参照し続け，新しい内容がファイルに書き込まれるとすぐにtailコマンドが読み取って表示します．

◆本章の参考文献◆
(1) 白阪 一郎，永原 柊ほか；定番STM32で始めるIoT実験教室，CQ出版社，2021年．

column ▶ 01 ラズパイのプログラムをC言語で書いてみる

永原 柊

● ラズパイ×C言語でハードウェア制御は難しい

マイコンでは，ハードウェア制御のプログラムなどを書く際に，C言語を使うことが多いかと思います．

ラズパイでも，C言語のプログラムを書いたり，コンパイルして実行可能プログラムを作成することができます．ただし，ハードウェア制御については，C言語で簡単に扱えるような状況ではありません．

以前はWiringPiというI/O制御のライブラリがあったのですが，現在はdeprecated（非推奨）という状態になり，Raspberry Pi OSから取り除かれてしまいました．

フィルタ・プログラム（標準入力から読み取って，処理し，標準出力に出力する）であれば，C言語でも容易に作成できます．

● C言語でプログラミングする場合の開発環境

Cコンパイラなどの開発ツールはRaspberry Pi OSに入っています．特に環境設定などを行わなくても，標準ヘッダ・ファイルやライブラリが利用できます．

ここでは，プログラムをテキスト・エディタで作成し，ターミナルのコマンド・ラインでビルドします．

● フィルタ・プログラムをC言語で記述した例

一例として，本文リスト2のsw2pwm.pyプログラムを，C言語で書き直したものをリストAに示します．主要な箇所を簡単に説明します．

▶PWM値の出力（14行目）

printfは標準出力に出力する関数です．書式指定で%.1fを指定すると，小数点以下1桁の小数として出力します．

▶強制出力（15行目）

Pythonでflush=Trueと書いていたのと同様に，標準出力に貯まった内容を強制的に出力する処理です．stdoutは標準出力を意味します．

▶1行入力（18行目）

この行には次のような注意点が2点あります．

- 注意点1…入力文字数の指定

  書式指定で%9sとしています．この9は9文字まで入力できることを意味します．配列bufのサイズが10で，最後はnull文字にする必要があり，入力できる文字数の最大は9文字なのでこうしています．

- 注意点2…使用する関数の詳細な仕様に注意

  ここではscanf関数を使いましたが，他に

リストA Pythonのプログラム（リスト2）をC言語で書き直した

```
1  #include <stdio.h>
2  #include <string.h>
3
4  const float PWMMIN  =   0.0;
5  const float PWMMAX  = 100.0;
6  const float PWMSTEP =  10.0;
7
8  int main()
9  {
10     char buf[10];
11     float pwm;
12
13     pwm = 0.0;
14     printf("%.1f\n", pwm); // PWM値を小数点以下1桁まで出力する
15     fflush(stdout);        // Pythonのflush=Trueと同じ処理
16
17     for (;;) {
18         scanf("%9s", buf); // 1行入力する
19         fflush(stdin);     // bufに入らなかった文字は破棄する
20
21         if (strcmp(buf, "1") == 0) { // 入力が 1 なら真
22             pwm += PWMSTEP;          // PWM値を更新する
23             if (pwm > PWMMAX) {
24                 pwm = PWMMIN;
25             }
26             printf("%.1f\n", pwm); // PWM値を小数点以下1桁まで出力する
27             fflush(stdout);        // Pythonのflush=Trueと同じ処理
28         }
29     }
30 }
```

printfは標準出力に出力する関数．書式指定で%.1fを指定すると，小数点以下1桁の小数として出力する

標準出力に貯まった内容を強制的に出力する処理．stdoutは標準出力を意味する

入力文字数の指定など，使用する関数の詳細な仕様に注意

破棄にはfflush関数を使う．stdinは標準入力を意味する

strcmp関数で，文字列として"1"と比較する

も fgets 関数などが使えます．ただ，それぞれ細かい動作が異なることに注意が必要です．

例えば，標準入力から文字列が入力され最後が改行コードで終わる場合，scanf は最後の改行コードを読み取りません．一方 fgets は改行コードまで読み取ります．

scanf では最後の改行コードを読み取っていないので，scanf 実行後は標準入力にはその改行コードが残っています．

▶標準入力の破棄（19行目）

18行目の scanf では改行コードを読み取らず，標準入力に残っています．また，もし入力文字列が9文字より長ければ，その長い分も残っています．残ったデータはこのプログラムでは使わないので，fflush 関数で破棄します．この関数は，適用先によって動作が変わる点に注意が必要です．

▶"1"が入力されたかどうか（21行目）

strcmp 関数で，文字列として"1"と比較します．

● プログラムのビルド

リストAのような単純なプログラムであれば，図Aのように make コマンドでビルドするのが簡単です．ここでは，make sw2pwm を実行しています．make コマンドは sw2pwm のソース・コードとして拡張子 .c が付いたファイルを探し，見つかったらCコンパイラ（cc）でビルドします．

もちろん，cc コマンドでソース・ファイル名を指定してビルドしてもかまいません．

● ビルドしたプログラムの実行

ビルドしたC言語のプログラムは，ターミナルでプログラム名を入力するだけで実行できます．

Pythonなどのスクリプト言語のプログラムでは，ソース・コードの1行目に実行プログラムを指定し，ファイルのパーミッションも設定してファイルを実行可能にする必要がありました．

C言語で書いたプログラムをビルドした場合は，こういうことは不要です．

● ハードウェア制御プログラムをC言語で作成したい人へのヒント

C言語でハードウェア制御プログラムを書きたい人のために，いくつかのヒントを示します．

▶ヒント1…raspi-gpioコマンドを解析する

ハードウェア制御プログラムを作成する1つの方法として，マイコンと同様にハードウェアを動かすレジスタをプログラムから操作する方法があります．

GPIOのコラムで使った raspi-gpio コマンドは，この方法で実現されています．このコマンドはソース・コードが公開されています．

https://github.com/RPi-Distro/raspi-gpio

▶ヒント2…ioctlを使う

ラズパイのハードウェアを制御するプログラムとして，デバイス・ドライバが用意されています．

デバイス・ドライバに動作を細かく指示するために，ioctl（アイオーコントロールと読む）システム・コールがあります．ただし，ioctl をどのように使えばよいかはデバイス・ドライバごとに異なるので，調査する必要があります．

▶ヒント3…使えるライブラリがないか探してみる

ラズパイには，GPIOを制御するライブラリがほかにもあるようです（pigpioなど）．Pythonで使う場合とC言語で使う場合で使い方が違うなど，注意が必要です．興味のある方は調べてみてください．

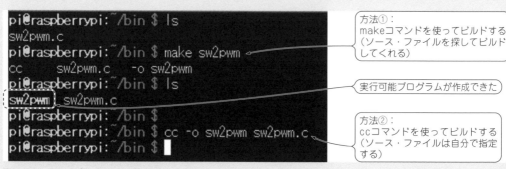

図A　フィルタ・プログラムのビルドのようす
make コマンドを使うと簡単にビルドできる

第12章 液晶ディスプレイもセンサもサッと使えるバスのしくみ

定番 I²C 通信の制御

永原 柊 Shu Nagahara

　ラズパイを使いこなすためにいろいろな機器を外付けしようとすると，どのように接続するかを考える必要があります．

　ここまで使ってきたGPIOではON/OFF信号しか送れないので，多機能な機器をつなぐには多数のGPIO端子が必要になり，現実的ではありません．例えば3軸加速センサを考えると，各軸の加速度を8ビットで表した場合，8ビット×3軸で24本のGPIO

が必要になります．これでは，加速度センサを付けただけでラズパイのGPIO端子を使い切りそうです．

　そこで，1本の電線で多数の信号をやりとりできる通信が必要になります．I²C通信はそのような通信規格の1つです．ほかにもSPI通信やシリアル通信などがあります．

　本章では，I²C通信を使って液晶表示器に任意の文字列を表示します．

1 I²C 通信のしくみ

● I²C接続のしかた

　図1にI²C通信の接続例を示します．I²Cは2本の通信線（SCLとSDA）でバス型接続します．基本的に，SCLはクロックを，SDAはデータをやりとりする通信線です．

　それぞれの通信線はワイヤードOR（複数の出力を並列に接続した論理和）でつながっており，プルアップ抵抗が必要になります．ラズパイの場合，ラズパイのボード上に実装されています．

　このI²C通信バスに，ラズパイやセンサや液晶表示器など，さまざまな機器を接続します．

　基本的に，1つがマスタで，残りの機器はスレーブと呼ばれます．図1ではラズパイがマスタで，残りのセンサや液晶表示器などがスレーブになります．仕様上はマスタが複数ある場合もあり得ます．

● I²C機器はアドレスで区別する

　図1のように接続すると，マスタが送信した信号がすべての機器に届いてしまいます．マスタがどの機器と通信したいかを示すために，I²Cアドレスがあります．

　I²Cアドレスは，個々の機器に割り当てられた値です．例えば，後で出てくる液晶表示器の場合，I²Cア

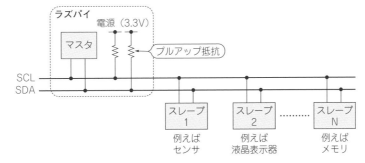

図1　I²Cの接続形態
複数のスレーブ（機器）であっても2本の通信線があればよい．マスタ/スレーブの呼び方は，コントローラ/ターゲットとも呼ばれる

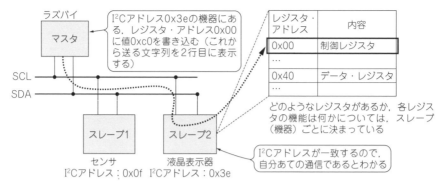

レジスタ・アドレス	内容
0x00	制御レジスタ
...	
0x40	データ・レジスタ
...	

どのようなレジスタがあるか，各レジスタの機能は何かについては，スレーブ（機器）ごとに決まっている

I²Cアドレスが一致するので，自分あての通信であるとわかる

ラズパイ
マスタ

I²Cアドレス0x3eの機器にある，レジスタ・アドレス0x00に値0xc0を書き込む（これから送る文字列を2行目に表示する）

SCL
SDA

スレーブ1　　スレーブ2
センサ　　　　液晶表示器
I²Cアドレス：0x0f　I²Cアドレス：0x3e

図2　I2C通信を行うイメージ
I²Cアドレスでスレーブ（機器）を特定し，レジスタを操作することによりさまざまな機能を利用できる

ドレスは0x3eです．これは機器の仕様で決まっています．1つのI²Cバスにつながっている機器のI²Cアドレスは，すべて異なっている必要があります．

　マスタ（ラズパイ）が液晶表示器と通信する場合，I²Cアドレス0x3e向けに通信を開始します．各スレーブは，そのアドレスを見て自分あての通信かどうかを判断します．

● **操作するレジスタで機能を決める**

　それぞれのI²C機器には，レジスタが用意されてい

ます．各レジスタにどのような機能を割り当てるのかは，機器の設計により異なります．

　図2の例では，I²Cアドレス0x3eの液晶表示器には0x00と0x40の2つのレジスタがあり，0x00のレジスタに書き込む値によって文字列を表示する位置などを指定し，0x40のレジスタには表示する文字データを指定します．

　このように，マスタはI²Cアドレスで操作する機器を決め，レジスタ番号で操作する機能を決め，そのレジスタの読み書きで機能を実行します．

② ラズパイに液晶表示器をつなぐ

● **ハードウェア構成**

　ラズパイに液晶表示器をつないで動かします．ここでは，秋月電子通商が販売している「Raspberry Piキャラクタ液晶ディスプレイモジュールキット　バックライト付」を用います．このモジュールはラズパイのピン配置に合わせて作られているので，GPIO端子に直接接続することもできます．

　ラズパイと液晶表示器の端子の接続を図3に，実験のようすを写真1に示します．I²C通信のプルアップ抵抗がラズパイ内に用意されているので，GPIO端子と液晶表示器を直結すれば動作します．

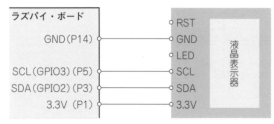

ラズパイ・ボード

GND（P14）

SCL（GPIO3）（P5）
SDA（GPIO2）（P3）
3.3V（P1）

RST
GND
LED
SCL
SDA
3.3V

液晶表示器

図3　液晶表示器との接続
バックライトが必要ならLEDを3.3Vに接続する

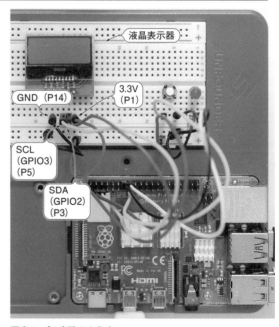

液晶表示器

GND（P14）
3.3V（P1）
SCL（GPIO3）（P5）
SDA（GPIO2）（P3）

写真1　I²C実験のようす
I²Cバスには液晶表示器だけを接続している．LEDとスイッチは置いてあるだけで使っていない

● 使用する液晶表示器の仕様

ここで使用している液晶表示器AQM0802A-FLW-GBW（**写真2**）は，I²C接続で，8文字×2行を表示できます．使用するコマンドは一般的な液晶表示器SC1602と基本的には同じです．I²Cアドレスは0x3eです．

この液晶表示器AQM0802A-FLW-GBWと，ピッチ変換と若干の外付け回路を追加した基板の組み合わせが，「Raspberry Piキャラクタ液晶ディスプレイモジュールキット　バックライト付」です．

写真2　使用した液晶表示器
I²C接続で，8文字×2行を表示できる

③ I²C を有効にする

ラズパイは初期状態ではI²Cが無効になっています．また，第5章でスイッチ入力を試した場合，一時的にI²Cを無効にしていました．これを有効にする必要があります．

I²Cを有効にするには，ラズパイのアイコンから［設定］-［Raspberry Piの設定］を選んで，Raspberry Piの設定画面で「インターフェイス」タブを選び，「I2C」を有効にします．この設定を行った後に，ラズパイを再起動すると確実です．

（a）メニュー画面

（b）「Raspberry Piの設定」画面

図4　I²C を有効にする
スイッチ入力のところで一時的に無効にしていた場合も，ここでは有効にする

4 I²Cアドレスを確認する

　図3の配線を行ってI²Cを有効にすると，ラズパイから液晶表示器の存在を確認できます．

　ラズパイでは，コマンド・ラインの操作でI²C通信を行うことができます．

　コマンド・ラインから次のコマンドを実行します．

```
i2cdetect -y 1
```

　すると図5のような表示になって，3eが表示されます．ラズパイにはI²Cが2系統あり，ユーザが利用で

きるのは1番の系統だけです．このコマンドで-y 1を指定しているのは，1番の系統を参照するためです．

　このコマンドはI²Cのアドレスを順番にアクセスしていって，応答があればデバイスがつながっているので，その応答があったI²Cアドレスを表示するものです．図5の状態であれば，I²Cには液晶表示器だけがつながっていて，そのアドレスは0x3eです．

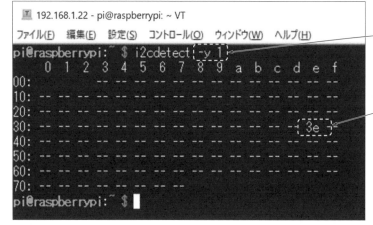

-y 1を指定すると，I²Cバス#1に対してコマンドを実行する

I²Cアドレスを順番にスキャンすると，0x3eに応答があった．つまりこのアドレスに何か機器がある

図5　I²Cアドレスの確認
アドレス0x3eに機器がつながっていることがわかる

5 液晶表示器をコマンド・ラインから動かす

写真3　コマンド・ラインから図5のコマンドを入力した結果
液晶表示器を初期化して，文字CとQを表示した

● テスト用に文字列CQを表示してみる

　この液晶表示器は，コマンドで表示を出すことが可能です．そのようすを図6に示します．

　ここではi2csetコマンドを使っています．このコマンドは，コマンド・ラインに入力した内容をI²C通信でデバイスに送信します．

　初期化が長いのですが，液晶表示器のドキュメントに書いてあるものをそのまま入力しているだけです．

　最後の2行のコマンドで，文字のCとQを書き込んでいます．写真3のように，液晶表示器にCQと表示されれば正常に動作しています．

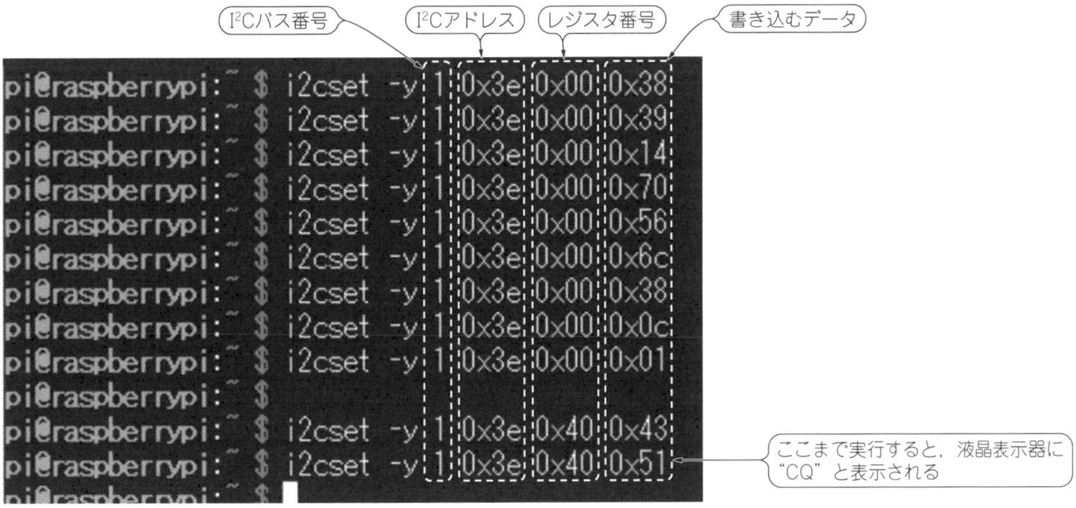

図6 コマンド・ラインから動かす
液晶表示器を初期化して，テスト用に文字列CQを表示する

● **i2cset**コマンドの意味

図6のコマンドのおおまかな意味を説明します．細かいところは液晶表示器内部の仕様を知っている必要があるので，概略の理解にとどめます．

I²Cバス番号とI²Cアドレスの意味は明らかなのでそのまま指定します．レジスタ番号は，液晶表示器の制御を行うのはレジスタ0x00，液晶表示器に表示するデータを書き込むのはレジスタ0x40です．

i2csetコマンドの最後の引き数を順に説明します．

▶0x38

Function Set命令です．

8ビット・モード，2行表示モード，ノーマル・フォント，拡張命令セットなし，を指定しています．

▶0x39

Function Set命令です．

8ビット・モード，2行表示モード，ノーマル・フォント，拡張命令セットあり，を指定しています．

▶0x14

この後のコマンドは，拡張命令セットです．これはInternal OSC frequency命令です．その名のとおり，液晶表示器内部の発振周波数を設定します．

▶0x70

コントラスト設定命令です．コントラスト値の下位4ビットを設定します．

▶0x56

電源，アイコン，コントラスト設定命令です．詳細は不明ですが液晶表示器の電源の設定と，コントラスト値の上位2ビットを設定します．

▶0x6c

Follower control命令です．詳細は不明ですが液晶表示器の電源の設定のようです．

▶0x38

Function Set命令です．拡張命令セットなしを指定しています．

▶0x0c

Clear Display命令です．液晶表示器の表示内容を消去します．

▶0x01

Return Home命令です．表示位置とカーソル位置を初期状態に戻します．

▶0x43，0x51

最後の2つは，表示する文字データです．レジスタ番号0x40になっていることから，区別できます．

0x43は文字「C」，0x51は文字「Q」の，それぞれ文字コードです．

⑥ 液晶表示器の表示の仕様

コマンド・ラインから液晶表示器に表示するのと同様の手順で動作する，表示プログラムを作ります．ここではPythonを使います．

作成するプログラムは，標準入力から読み取った文字列を液晶表示器に表示します．

ここで使う液晶表示器は，表示する広さとして2行×8文字あります．入力された文字列をどのように表示するかは，次のような仕様にします．

- 表示行を指定せずに入力された文字列は，液晶表示器の1行目に左詰めで表示する．入力された文字列の後に8文字の空白を追加する．

- 入力された文字列に表示行指定がある場合は，指定された行に表示する．表示行の指定は，1行目に表示する場合は"1:文字列"，2行目に表示する場合は"2:文字列"のように，行指定＋表示文字列とする．表示する文字列の後に空白を追加するのは上記と同じ．

表示する文字列の後に8文字の空白を追加するのは，その行にすでに何か表示されている状態で，短い文字列を表示しようとすると，前の文字列が残ってしまうのを避けるためです．

---

column▶01 プルアップ抵抗に注意

永原 柊

ラズパイ内のプルアップ抵抗の抵抗値が問題になる場合があります．

ラズパイのプルアップ抵抗の値は1.7 kΩです．そのため，接続するデバイス側から信号線を"L"にするには結構な駆動能力が必要になります．

液晶表示器AQM0802A-FLW-GBWはI²C通信可能ですが，駆動能力が低くて信号線を"L"にすることができず，ラズパイにそのままつなぐと通信できません．今回使用したキットは，基板上にI²Cバス・リピータを間に入れることで問題を解決しています（写真A）．

ラズパイにI²Cのデバイスをつなぐ場合は，I²Cの電源電圧が3.3 Vであることに加えて，プルアップ抵抗についても注意する必要があります．

I²Cバスを強く駆動するために，バス・リピータIC（PCA9515）を使用している

写真A 液晶表示器の裏面
液晶表示モジュールがI²Cバスを駆動する能力が低いため，バス・リピータが使用されている

7 Pythonで液晶表示器を動かすプログラムを作る

● 作成したプログラム

リスト1にPythonで液晶表示器を動かすプログラムを示します．液晶表示器を制御する機能と，文字列を表示する機能を，関数として実現しています．

● I²C通信を使う

まず最初のimportのところが今までのプログラムと違います．2行目のsmbusはI²C通信のためのプログラムです．

その後，12行目のsmbus.SMBus(1)でI²C通信を実行可能にします．この引き数の1は，1番目の系統のI²C通信ということです．

また，15行目のLCD_I2C_ADDRには，液晶表示器のI²Cアドレス0x3eを設定します．

● lcd_byte関数

14行目のlcd_byte関数は，液晶表示器に1バイトのコマンドかデータを送る関数です．

内部的には，15行目にI²C通信のwrite_byte_data関数を使ってコマンドを送っています．この関数の引き数は，送信先I²Cアドレス，レジスタ番号，送信データの3つです．レジスタ番号は，この液晶表示器ではコマンドかデータの区別に使われています．レジスタ番号として0を指定すると制御コマンド，0x40を指定するとデータであることを示しています．

● lcd_cmd関数

18行目のlcd_cmd関数は，液晶表示器に文字ではなく制御コマンドを送る関数です．そのまま，19行目のlcd_byte関数を呼び出しています．

● lcd_string関数

21行目のlcd_string関数は，引き数で指定された文字列を液晶表示器に送る関数です．

内部的には，22行目のfor c in ustrという行で，送信する文字列ustrの先頭から1文字ずつを取り出して変数cに代入し，23行目のlcd_byte関数を使って液晶表示器に送信します．

なお，変数cをそのまま送るのではなく，ord(c)としているのは，変数cの文字を，ASCIIコードに変換するためです．

この液晶表示器は，表示する文字のASCIIコードを必要とします．Pythonでは文字とASCIIコード（数値）は明確に異なるので，変換が必要です．

もしこの処理をC言語で記述すると，あるデータを文字と数値をどちらにも解釈できるのでこの処理は不要です．しかし，Pythonに限らず文字と数値を区別する言語では，このような変換が必要です．

● 液晶表示器の初期化

26行目のsleep(0.05)以下は初期化処理です．コマンド・ラインから操作したのと同様の内容です．

sleepを使っているところもドキュメントの指示どおりです．コマンド・ラインから手動で操作を行ったときは手の動きが遅すぎて時間待ちを行う必要がありませんでしたが，プログラムにするなら必要です．

● メイン・ループ

38行目のtryの後，whileループに入ります．

40行目で，標準入力から変数lineに1行読み取ります．

41行目と44行目で，その入力の先頭2文字を見て，行指定かどうかを判定しています．line[:2]というのは，変数lineに入っている文字列の先頭から2文字を取り出すことを意味します．これが1:なら1行目，2:なら2行目と解釈します．

1行目が指定されると，LCD_SET_DDRAM + LCD_LINE_1，2行目が指定されるとLCD_SET_DDRAM + LCD_LINE_2を引き数にlcd_cmd関数を呼び出します．これは液晶表示器に，次に表示する文字の位置を指定するためのコマンドです．表示位置はこのコマンドに足し算して指定します．1行目の先頭は0，2行目の先頭は0x40です．それぞれ，LCD_LINE_1，LCD_LINE_2という名前を付けました．

43行目と46行目で変数sにline[2:]を代入しています．先ほどはline[:2]でしたが，今度はline[2:]です．これは，変数lineの文字列の0番目（先頭）の文字と1番目の文字を捨てて，2番目の文字から文字列の最後までを変数sに代入するものです．

一方，変数lineの先頭2文字が行指定でなければ（47行目），1行目を指定して，変数lineの値をそのまま変数sに代入しています．

最後に50行目で，文字列の後に8文字の空白を追加して表示します．Pythonではこのように文字とかけ算すると，その文字が連続する文字列を作れます．

リスト1　液晶表示プログラム(lcd.py)
標準入力から読み込んだ文字列を，液晶表示器に表示する

```
1   #!/usr/bin/env python3
2   import smbus                              ← I²C通信のためのパッケージをインポートする
3   from time import sleep
4
5   LCD_I2C_ADDR  = 0x3e                      ← I²Cアドレスは0x3e
6   LCD_CTRL_CMD   = 0
7   LCD_CTRL_DATA = 0x40
8   LCD_SET_DDRAM = 0x80                      ← プログラム内で使用する定数
9   LCD_LINE_1 = 0
10  LCD_LINE_2 = 0x40
11
12  i2c = smbus.SMBus(1)                      ← I²Cバス#1を使用する
13
14  def lcd_byte(ctrl, data):                 ← 液晶表示器のレジスタ番号ctrlに1バイトのdataを送信する関数
15      i2c.write_byte_data(LCD_I2C_ADDR, ctrl, data)  ← 実際の通信はここで行う
16      sleep(0.01)
17
18  def lcd_cmd(cmd):                         ← 液晶表示器の制御レジスタにアクセスする関数
19      lcd_byte(LCD_CTRL_CMD, cmd)
20                                            ← 液晶表示器に表示する文字列を送信する関数
21  def lcd_string(ustr):
22      for c in ustr:                        ← 文字列を1文字ずつに分解して処理する
23          lcd_byte(LCD_CTRL_DATA, ord(c))   ← 文字をASCIIコードに変換する
24
25  #init LCD
26  sleep(0.05)                              ← プログラムの実行が早すぎるので時間待ち
27  lcd_cmd(0x38)
28  lcd_cmd(0x39)
29  lcd_cmd(0x14)
30  lcd_cmd(0x70)
31  lcd_cmd(0x56)                            ← 初期化処理
32  lcd_cmd(0x6c)
33  sleep(0.3)                              ← プログラムの実行が早すぎるので時間待ち
34  lcd_cmd(0x38)
35  lcd_cmd(0x0c)
36  lcd_cmd(0x01)
37
38  try:
39      while True:
40          line = input()                   ← 標準入力から1行入力
41          if line[:2] == '1:':             ← 先頭2文字が"1:"なら1行目に表示する
42              lcd_cmd(LCD_SET_DDRAM + LCD_LINE_1)  ← 表示行の設定
43              s = line[2:]                 ← "1:"以降の文字列を表示
44          elif line[:2] == '2:':           ← 先頭2文字が"2:"なら2行目に表示する
45              lcd_cmd(LCD_SET_DDRAM + LCD_LINE_2)
46              s = line[2:]
47          else:                            ← 表示行の指定がなければ1行目に表示
48              lcd_cmd(LCD_SET_DDRAM + LCD_LINE_1)
49              s = line                     ← 入力すべてを表示する
50          lcd_string(s + 8*' ')            ← 文字列の後に空白を8個追加して表示
51  except KeyboardInterrupt:
52      pass                                 ← [Ctrl]＋Cで中断してもメッセージを表示しない
53  except EOFError:
54      pass                                 ← [Ctrl]＋D(EOF)を入力してもメッセージを表示しない
```

● **エラー処理**

51行目以降では，2つのエラー処理を行っています．51行目は[Ctrl]＋Cで中断したときの処理です．passを指定しているだけで何も行っておらず，[Ctrl]＋Cで中断したときに何かメッセージが出るのを防ぐのが目的です．

53行目は，入力にEOF([Ctrl]＋D)が与えられた場合に，同様にメッセージが出るのを防ぐ指定です．

⑧ Pythonのプログラムで液晶表示器を動かしてみる

このプログラムを実行して，何か文字列を入力すると，液晶表示器の1行目にそのまま表示されることがわかります．ただし，ここで指定できるのはASCIIコードの範囲内なので，半角英数記号に限ります．

次に，1:で始まる文字列を入力すると，1行目にコロンから後の文字列が表示され，2:で始まる文字列なら2行目に表示されます．

最後に，[Ctrl]＋Cや[Ctrl]＋Dを入力すると，そのまま終了します．

1行目にline1，2行目にLINE2を表示するために，1:line1(改行)2:LINE2(改行)と入力したときの表示を**写真4**に示します．

写真4 lcd.pyの実行結果
本文に記載した2行分のデータを入力したところ

⑨ 液晶表示器に時刻を表示するシェル・スクリプトを作って動かしてみる

● 作成したシェル・スクリプト

何か動く表示の例として，液晶表示器に現在時刻を表示します．

リスト2に作成するシェル・スクリプト(disptime.sh)を示します．

現在時刻の取得は，dateコマンドを使います．このコマンドをコマンド・ラインからそのまま実行すると，現在日時を表示することがわかります．このままでは液晶表示器に表示できないので，時：分：秒の形式にします．

dateコマンドの引き数で，表示書式を指定できます．ここに，+%H:%M:%Sを指定すれば時：分：秒の形式になります．これもコマンド・ラインから確認できます．

プログラムでは，4行目で$(date +%H:%M:%S)のようにしています．この$(コマンド)は，コマンドを実行して，その結果の出力で$(から)までの間を置き換えるものでした．その結果，dateコマンドの実行結果をechoコマンドで出力することになります．

リスト2 時刻表示プログラム
dateコマンドを実行して，現在時刻を標準出力に出力する

```
1  #!/bin/sh
2  while true
3  do
4      echo "$(date +%H:%M:%S)"
5      sleep 1
6  done
```

dateコマンドで現在時刻を表示する．コマンドの引き数で書式を指定して，時分秒だけを表示している

写真5 リスト2の実行結果をlcd.pyに入力した
1秒ごとに表示が更新される

● 実行してみる

作成したシェル・スクリプトをそのまま実行すると，1秒ごとに画面に現在時刻が表示されます．正確に言うと，1秒ごとに現在時刻を標準出力に出力しています．

先ほど作成した**リスト1**のプログラムは，標準入力から1行読み取って表示するものでした．つまり，次のようにすると標準出力と標準入力がつながって，液晶表示器に現在時刻が表示されます．

```
disptime.sh | lcd.py
```

10 ラズパイ内部のようす

lcd.pyを実行したときの，ラズパイ内部のようすを図7に示します．

lcd.pyの中で，関数lcd_byteがi2c.write_byte_dataを呼び出します．これは，smbus内の関数です．

smbusから，最終的にラズパイOSのシステム・コールを呼び出します．

システム・コールはI²Cドライバを呼び出し，そこからSoCのI²C機能を操作して，I²Cバスを経由して液晶表示器にアクセスします．

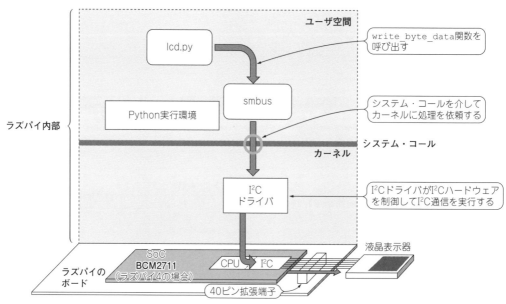

図7　I²C通信実行時のラズパイ内部のイメージ

---

column▶02　現在の日時の表示と設定を行うdateコマンド

永原　柊

dateコマンドは，現在の日時の表示と設定を行うコマンドです．一般ユーザは表示だけを行うことができます．日時の設定はラズパイ全体に影響を与えるので，一般ユーザでは実行できません．

デフォルトでは各地域や言語に応じた形式で日時を表示しますが，表示形式をさまざまに指定可能です．

第13章 I²Cよりも単純で高速…温度センサをつないでみる

もう1つの定番 SPI通信の制御

永原 柊 Shu Nagahara

本章では，I²C通信と似たような位置づけである，SPI(Serial Peripheral Interface)を試してみます．SPI 接続の温度センサをラズパイから使えるようにします．

1 SPI通信のしくみ

SPIは，さまざまな機器を接続するための基板内や機器内の通信規格です．

図1にSPIを適用した例を示します．

接続の形態としては，マスタのクロック(CLK)とマスタからの出力(MOSI)，マスタへの入力(MISO)の信号線を，すべてのスレーブと接続します．一方，チップ・セレクト(CS)信号線は各スレーブごとに必要です．CSが有効になったスレーブとマスタとの間で通信を行います．

各スレーブとマスタにはシフト・レジスタがあり，マスタのCLKによりシフト操作を行います．マスタとスレーブのシフト・レジスタをリング状に接続しているので，シフト・レジスタの長さだけCLKを送ることにより，マスタとスレーブのシフト・レジスタの内容を入れ替えることができます．これにより通信を行います．

しくみは単純であり，配線量は多いのですが，高速な通信が可能です．

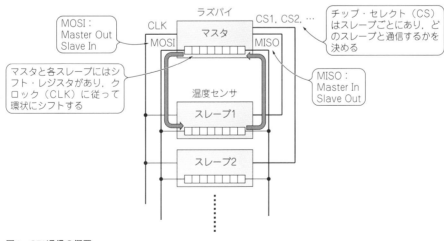

図1　SPI通信の概要
各機器のシフト・レジスタを環状に連結して，情報をやりとりする

② ラズパイに温度センサをつなぐ

　ラズパイにSPI通信に対応した温度センサをつないで動かします．ここでは，「ADT7310使用 高精度・高分解能 SPI16ビット温度センサモジュール」（秋月電子通商）を用います．

　温度センサとの接続を図2に，実験のようすを写真1に示します．

　SPI通信に対応した温度センサ・モジュールは，ラズパイのSPI向け端子と直結すれば動作します．

　使用した温度センサ・モジュールは，ADT7310（アナログ・デバイセズ）を搭載した，シンプルなモジュールです（写真2）．

　なお，ADT7310には温度がしきい値を超えたことを通知するCTピン，INTピンがありますが，今回使用するモジュールでは接続されていないので，使用できません．

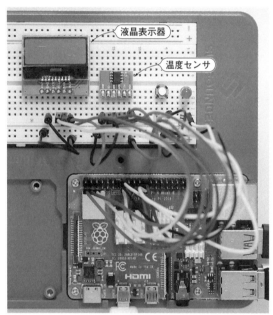

写真1 SPI実験のようす
SPIで温度センサを接続している．後の章のために，LEDとスイッチは残してある

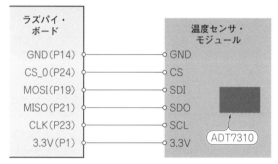

図2 温度センサとの接続
SPIは4本の信号線が必要

写真2 使用した温度センサ・モジュール
13ビットまたは16ビットで温度測定が可能なSPI接続のセンサ・モジュール．本文の実験では13ビット・センサとして使用している

③ 温度センサの仕様

● 温度センサの分解能

ADT7310は，16ビット，±0.5℃精度の温度センサです．デフォルトで13ビット（0.0625℃）の分解能ですが，設定を変更することで16ビット（0.0078℃）にできます．

● 温度センサのレジスタ

このセンサには，**表1**に示す8個のレジスタがあります．ここでは，デフォルト値を用いてごく簡単な使い方をします．

▶ステータス・レジスタ

ステータス・レジスタを**表2**に示します．

ここで作るプログラムでは使用しませんが，温度測定が完了したことを示すRDYビットを参照する場面は多いように思います．

▶センサ設定レジスタ

センサの設定を行うレジスタを**表3**に示します．

ここではデフォルト値で使用するので，このレジスタには設定しません．13ビット・モード，連続測定で使用します．

表1 温度センサADT7310のレジスタ一覧
さまざまな機能をもつ高機能なセンサであることがわかる

レジスタ・アドレス	説 明	デフォルト値
0x00	ステータス	0x80
0x01	センサ設定	0x00
0x02	温度測定値	0x0000
0x03	ID	0xCX
0x04	T_{CRIT}（危険な過熱制限温度）の設定値	0x4980（147℃）
0x05	T_{HIST}（温度ヒステリシス値）の設定値	0x05（5℃）
0x06	T_{HIGH}（上限温度）の設定値	0x2000（64℃）
0x07	T_{LOW}（下限温度）の設定値	0x0500（10℃）

▶温度測定値レジスタ

温度測定値を格納するレジスタを**表4**に示します．

16ビット・モードでは，このレジスタの16ビットすべてが測定値になりますが，13ビット・モードでは下位3ビットがフラグになります．したがって，13ビット・モードで使用する場合は下位3ビットをマスクする必要があります．

格納された温度は，2の補数の形式になっています．

表2 ステータス・レジスタの内容（レジスタ・アドレス：0x00）
センサの状態を読み出せるが，本文のプログラムでは使用していない

ビット	デフォルト値	R/W	名 前	説 明
3～0	0000	R	未使用	未使用．読み出すと0が読める
4	0	R	T_{LOW}	温度がT_{LOW}を下回るとこのビットが1になる
5	0	R	T_{HIGH}	温度がT_{HIGH}を上回るとこのビットが1になる
6	0	R	T_{CRIT}	温度がT_{CRIT}を上回るとこのビットが1になる
7	1	R	/RDY	測定した温度が温度測定値レジスタに書き込まれるとこのビットが0になる

表3 センサ設定レジスタの内容（レジスタ・アドレス：0x01）
温度測定モードや13ビット/16ビットの選択などを行える

ビット	デフォルト値	R/W	名 前	説 明
1～0	00	R/W	フォールト・キュー	温度上限/下限を超えるフォールトが何回発生したらINTピン，CTピンに出力するか（今回のセンサ・モジュールでは使えない）
2	0	R/W	CTピン極性	CTピンを正論理/負論理のどちらにするか（今回のセンサ・モジュールでは使えない）
3	0	R/W	INTピン極性	INTピンを正論理/負論理のどちらにするか（今回のセンサ・モジュールでは使えない）
4	0	R/W	INT/CTモード	割り込みモードまたはコンパレータ・モードの選択（今回のセンサ・モジュールでは使えない）
6～5	00	R/W	測定モード	温度測定モード 00：連続測定，01：ワンショット，10：毎秒1回，11：シャットダウン
7	0	R/W	分解能	温度測定の分解能 0：13ビット，1：16ビット

表4　温度測定値レジスタの内容（レジスタ・アドレス：0x02）
温度測定値を格納するレジスタだが，13ビット・モードでは下位3ビットに別の値が入っている

ビット	デフォルト値	R/W	名　前	説　明
0	0	R	T_{LOW}フラグ/LSB0	13ビット・モードの場合：測定値がT_{LOW}を下回ったかどうかのフラグ． 16ビット・モードの場合：測定値のLSB0
1	0	R	T_{HIGH}フラグ/LSB1	13ビット・モードの場合：測定値がT_{HIGH}を上回ったかどうかのフラグ 16ビット・モードの場合：測定値のLSB1
2	0	R	T_{CRIT}フラグ/LSB2	13ビット・モードの場合：測定値がT_{CRIT}を上回ったかどうかのフラグ 16ビット・モードの場合：測定値のLSB2
15〜3	すべて0	R	測定値上位13ビット	温度測定値の上位13ビットが2の補数形式で格納される

● コマンド・バイト

　表5はレジスタではなく，SPI通信でラズパイからセンサに指示を送るコマンド・バイトのフォーマットです．SPI通信で「センサのどのレジスタにアクセスするのか」，「読み書きどちらなのか」などを指定します．

　ここで作成するプログラムでは，読み出し，レジスタ番号0x02，連続読み出しONを指定します．詳細は後で説明します．

● センサのリセット

　通信中にエラーなどでセンサをリセットしたい場合，ラズパイからSPI通信で1を連続32ビット送信します．これは表5のコマンド・バイトとは関係なく，強制的にリセットする指示になります．

表5　SPI通信のコマンド・バイト
SPI通信でセンサに指示を送るコマンド・バイトのフォーマット

ビット	名　前	説　明
0〜1	未使用	00にする
2	連続読み出しモード	1：連続読み出しモード 0：単発読み出しモード
5〜3	レジスタ番号	アクセスするレジスタ番号
6	R/W	1：読み出し，0：書き込み
7	未使用	0にする

　このリセットを行うと，センサのすべてのレジスタは電源投入直後の状態になります．

　リセットには時間がかかるので，少し待ってから通信をやり直す必要があります．ドキュメントでは$500\,\mu s$以上となっています．

4 SPIを有効にする

ラズパイは初期状態ではSPIが無効になっています. これを有効にする必要があります.

SPIを有効にするには, **図3**に示すようにラズパイのアイコンから［設定］-［Raspberry Piの設定］を

選んで, Raspberry Piの設定画面で「インターフェイス」タブを選び, SPIを有効にします. この設定後に一度ラズパイを再起動すると確実です.

（a）メニュー画面

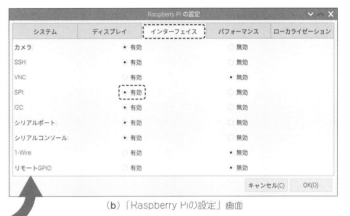

（b）「Raspberry Piの設定」画面

図3 SPIを有効にする

ラズパイの世界

ハード&ソフト

I-O制御の基本

よく使うI/O

カメラ&ネット

実用的に動かす

⑤ センサの測定データを読み取るPythonプログラムを作る

● 作成したプログラム

　プログラムを作って温度センサから温度を読み取ります．ここではPythonを使います．

　作成したプログラムをリスト1に示します．温度センサが測定した温度を1秒ごとに読み取って，標準出力に出力しています．

● SPI通信を使う

　3行目で，SPI通信を使用できるようにするためにspidevをimportします．

　その後，10行目のspidev.SpiDev()で，SPI通信の使用を開始します．

● SPIをオープンする

　12行目でspi.open(0, 0)を行っています．この2つの0は，最初の0がSPIバス番号，2番目の0がどのCSを使うか，ということです．

　デフォルトでは使用できるSPIバスは0だけです．

　2番目の0は，そのバスにつながるどの通信相手と通信するかを指定します．通信相手の選択はCS端子で行います．ラズパイのSPIバス0には，CSは0と1の2つがあります．図2の接続ではCS_0を使っているので，ここでも0を指定します．

● クロックを設定する

　11行目try:の行の次に，modeとmax_speed_hzを指定しています．これはSPIのパラメータです．

　13行目のmodeはSPIのクロックの特性を，クロックの極性，クロックの位相の組み合わせで，4通りから指定します．

　14行目のmax_speed_hzはクロックの周波数を指定します．ここでは1MHzを指定しています．

● センサ初期化コマンドを送る

　これでSPI通信が可能になったので，15行目のxferで通信を開始します．xferはSPI通信を行う

リスト1　温度測定プログラム(spitemp.py)
1秒ごとに温度を測定し，標準出力に出力する

```
 1  #!/usr/bin/env python3
 2
 3  import spidev          ← SPI通信のためのspidevパッケージをインポートする
 4  from time import sleep
 5
 6  #####
 7  WAIT_TIME = 1.0         ← 温度測定間隔(秒)
 8  #####
 9
10  spi = spidev.SpiDev()   ← SPIを使用開始
11  try:
12      spi.open(0, 0)      ← SPIバス#0, CS0を使用する
13      spi.mode = 0x03
14      spi.max_speed_hz = 1000000   ← SPIクロックは1MHz
15      spi.xfer([0xff, 0xff, 0xff, 0xff])  ← 温度センサにリセットを指示
16      sleep(0.5)
17
18      spi.xfer([0x54])    ← 温度センサに連続温度測定を指示
19      sleep(0.5)
20
21      while True:
22          v = spi.xfer([0x00, 0x00])   ← 温度を受信
23          temp = (v[0] << 8 | v[1]) >> 3   ← 16ビット・データにした上で，下位3ビットにあるデータ(温度とは関係ない)を消す
24
25          if (temp >= 4096):
26              temp -= 8192    ← 氷点下以下の場合，2の補数表現を普通の数値にする
27
28          print(f'{(temp / 16.0):.1f}', flush=True)  ← 測定データの下位4ビットは小数点以下のため16.0で割り，小数点以下1桁の小数で出力する
29          sleep(WAIT_TIME)   ← 次回温度測定まで待つ
30  except KeyboardInterrupt:
31      pass
32  finally:              ← ここを抜けるときは，必ずSPIをクローズする
33      spi.close()
```

関数です．この引き数の角かっこ（"["と"]"）に囲まれたデータを送信して，応答を受信します．角かっこの中には，任意長のデータを記述できます．

まず連続する32ビットの1を送信しています．これにより温度センサはリセットされます．

リセットに時間がかかるので，16行目のsleepで少し待っています．

● 温度測定と読み出しの指示

18行目のxferでは0x54を送信しています．これは，温度を連続的に読み出し続けるコマンドです．このコマンドを1回送信すると，あとはセンサから読み出すたびに最新の温度測定値が得られます．

温度測定に時間がかかるので，19行目のsleepで少し待っています．

● 温度測定と連続読み出しについて

このセンサでは，温度測定と，測定した値の連続読み出しの2つの動作を別々に指示します．この点が少しわかりにくいかもしれないので補足説明します．

▶温度測定

温度測定はセンサ設定レジスタ（表3）の測定モードで指示します．デフォルトでは連続測定になっていて，センサは温度を測定して温度測定値レジスタに格納する，という動作を繰り返します．

もし測定モードを変更する場合は，このレジスタに希望する動作モードを書き込みます．

ここで作るプログラムでは，デフォルトの連続測定モードを使います．

▶連続読み出し

測定した温度を読み出す場合，普通は，表5のコマンド・バイトで温度測定値レジスタ（レジスタ番号0x02）の読み出しを指定して，レジスタ値を読み出すことになります．

一方，ここで作るプログラムのように，いったんセンサに設定したら後は温度を読み出し続けるだけという動作をしたい場合，いちいちレジスタ番号を指定するのは面倒です．そういう場合のために，連続読み出しモードが用意されています．

コマンド・バイトで連続読み出しを指示すると，その後はラズパイからSPI通信で16ビット送信するたびに，センサから温度データが送られてきます．

リスト1でコマンド・バイトとして0x54を送信しているのは，温度測定値レジスタを連続読み出しする，という指示になります．

なお，連続読み出しをやめるには，連続32ビットの1を送信してセンサをリセットするのが簡単です．

● メイン・ループ

21行目のwhile True:で無限ループに入り，温度を測定して出力する処理を繰り返します．

● センサから温度データを読み取る

22行目のxferで16ビットの温度データを受信するために，16ビットの0を送信しています．

図1に示したように，SPIではシフト・レジスタの内容を交換するので，データを送信したいときも受信したいときも，シフト・レジスタぶんのデータを送る必要があります．ここでは温度データを受信したいだけなのですが，そのためには同じ長さのデータを送信する必要があります．

なお，最初にプログラムを作ったとき，16ビットの1を送信していました．こうすると最初の温度は読み出せるのですが，そのうちセンサの動作がおかしくなってしまいました．言うまでもなく，これは32ビットの連続した1を送信しているので，センサがリセットされてしまっていたのでした．

● 下位3ビットの不要な情報を消す

23行目のtempに代入している行では，上位バイトから送信される16ビット・データを，右に3ビットぶんシフトしています．

表4に示したように，送信された16ビットの温度データは上位13ビットが有効で，下位3ビットは温度とは無関係な値です．そのため，ここで無関係な値をなくしています．

● 温度がマイナスの場合に対処する

25行目と26行目で，tempが4096以上なら8192引く，という処理を行っています．これは，13ビットの2の補数表現のデータを正しい数値に戻す処理です．温度がマイナスのときに正しい値にしています．

センサが出力する2の補数をそのまま受け入れられればこの処理は不要なのですが，残念ながら温度がマイナスのときは測定値が大きくなるだけなので，こういう処理を行っています．

● 人が理解できる形式で温度を出力する

最後に温度を表示します．温度の出力は「36.5」のように，そのまま温度を表示します．

温度は小数点以下1桁までを出力することにします．そのために，28行目でf'{(temp / 16.0):.1f}'としています．表示する値は「temp / 16.0」であり，「:.1f」という部分が小数点以下1桁という書式指定部分です．

tempの値は下位4ビットが小数点以下の値なので，16で割る必要があります．また，小数に変換するため，

ここでは16.0で割っています．

メイン・ループの最後に，温度を出力した後，次回の温度測定までの時間（プログラムの先頭で指定したWAIT_TIME）を待ちます．

● **finally:について**

プログラムの最後の32行目に，finally:という部分があります．これは**図4**に示すように，いったんtryを実行すると，例えば［Ctrl］＋Cで中断する場合であっても，その他エラーが発生した場合であっても，必ずfinallyの後の処理が行われます．

何か，後始末が必要な処理を実行
try:
・・・・・
finally:
後始末
ここで何があっても
必ず後始末を実行する

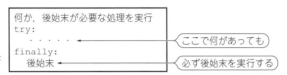

図4　try-finallyの使い方
SPIに限らず，必ず後始末を行いたい場合にfinallyを使う

6 Pythonプログラムを動かして温度を測定してみる

● **画面上に温度を表示してみる**

プログラムを実行すると，1秒ごとに温度が表示されます．試しに温度センサに指を触れてみると，**図5**に示すように温度が変化します．

pi@raspberrypi:~ $ bin/spitemp.py
23.7
23.7
23.8
25.9
26.9
27.5
27.9
28.2
28.5
28.8
28.6
28.1
27.7
センサに指が触れて温度が上昇
指を離して温度が下降

図5　リスト1を実行したようす
センサに触れて温度が変化することを確認した

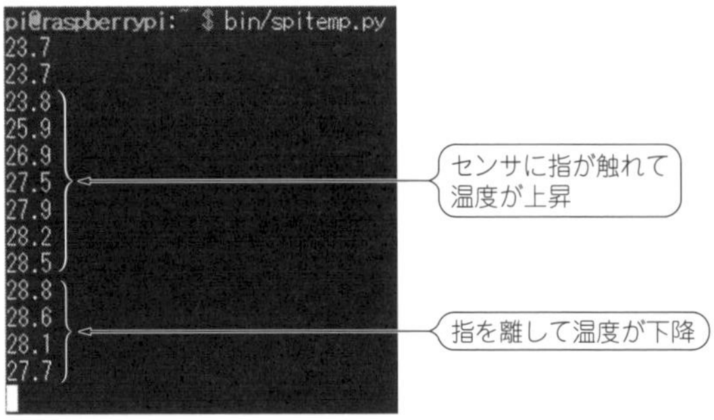

● **液晶表示器に温度を表示してみる**

作成した温度測定プログラムを，前章で作成した液晶表示プログラムと組み合わせると，温度を液晶表示器に表示できます（**写真3**）．

```
spitemp.py | lcd.py
```

24.4
RST
GND
LED
SCL
SDA
3V3

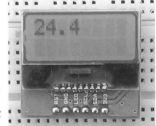

写真3　液晶表示プログラムとの組み合わせ
測定した温度が表示され，定期的に表示が更新される

7 ラズパイ内部のようす

ラズパイ内部のようすを**図6**に示します．Pythonプログラム中でSPI機能を使うと，importしているspidevを経由してシステム・コールを呼び出します．

システム・コールの呼び出しはSPIドライバに伝わり，SoCのSPIハードウェアを制御して通信を行います．

SPI通信でデータを送信すると同じ量のデータを受信するので，SPIドライバからPythonプログラムに受信したデータが返されます．

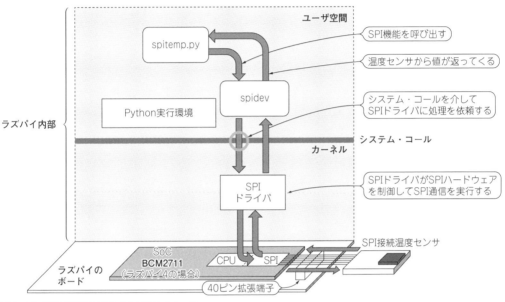

図6　SPI通信実行時のラズパイ内部のイメージ

複数プログラムを組み合わせるしくみ「FIFO」

永原 柊 Shu Nagahara

第12章では時刻を，第13章では温度を液晶表示器に表示しました．

使用している液晶表示器は2行表示できるので，1行目には時刻を，2行目には温度を表示したくなります．液晶表示プログラム（第12章のリスト1）は標準入力から読み取りますが，標準入力は1つしかないので，同時に読み取れるプログラムは1つだけです．

本章では，複数のプログラムの出力を1つにまとめるために，FIFO（First In, First Out）と呼ばれるしくみを利用します．

① パイプでは2つの出力を1つの入力につなげられない

ここで取り上げている問題を**図1**に示します．

これまで使ってきたパイプでは1つの出力と1つの入力を接続できました．しかし，2つの出力を1つの入力につなぐには，今まで使ってきたパイプでは難しそうです．

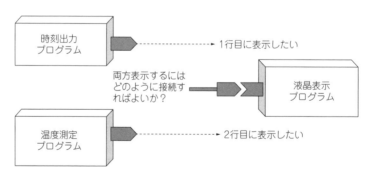

図1　液晶表示器に2つのプログラムの出力を表示したい場合はどうすればよいか

② 複数のプログラムの出力を1つにまとめるFIFOのしくみ

● FIFOを利用する

問題を解決する1つの方法が，FIFOを利用する方法です．FIFOはデータ管理の仕組みの一種で，データが入った順に出て行くものです．

● FIFOを使った解決のイメージ

図2にFIFOを使った解決のイメージを示します．FIFOに複数のプログラムから書き込むことができれば，FIFOで書き込まれたデータが一本化され出て行くので，それを液晶表示プログラムにつながりそうです．

● FIFOは一見ファイルに見える

実際にFIFOを使う方法を図3に示します．
ラズパイでは，FIFOは一見，普通のファイルのように見えます．各プログラムはファイルに書き込むようなイメージで，FIFOに書き込めます．このように，複数のプログラムからFIFOに書き込むことができます．

ただ普通のファイルとは異なり，液晶表示プログラムがFIFOから読み出すと，その内容はFIFOから消えていきます．

● ラズパイのカーネル内部のイメージ

図4に，その実現イメージを示します．カーネル内では，ファイルに読み書きするのと同じインターフェースで，FIFOを用意しています．各プログラムはファイルを読み書きしているつもりが，ラズパイのカーネル内部ではFIFOの読み書きになっています．

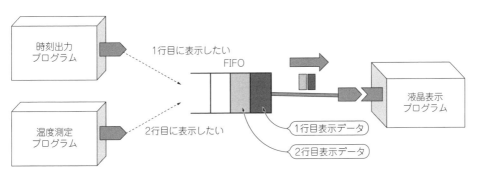

図2 FIFOを使ったときのイメージ
各プログラムは表示したいデータをFIFOに書き込み，そこで一本化されたデータが液晶表示プログラムの標準入力に入る．
複数のプログラムからFIFOに書き込めれば，一本化できそう

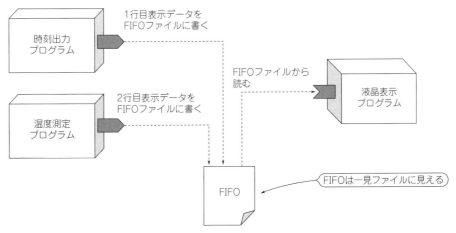

図3 プログラムからはFIFOはファイルに見える
プログラムからはFIFOはファイルに見える．単なるファイルの読み書きを行うイメージなので，複数のプログラムから書き込める

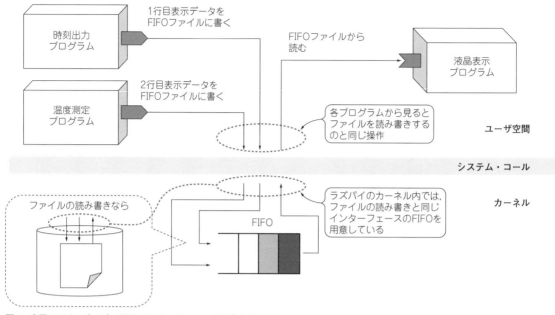

図4 実際にはカーネル内で同じインターフェースを用意している
実際には，ラズパイのカーネル内で，ファイルの読み書きと同じインターフェースのFIFOを用意している

③ FIFOとパイプの違い

　FIFOもパイプも同じに見えるかもしれませんが，ラズパイでは扱いが違います．FIFOは名前付きパイプとも呼ばれます．

● FIFO
　FIFOには名前が付いていて，ファイルのように見えます．ファイルを読み書きできるプログラムなら，FIFOにもアクセスできます．

● パイプ
　パイプにはプログラムから認識できる名前がありま

せん．他のプログラムがパイプに書き込みたくても，パイプにアクセスする手立てがありません．今回のように2つのプログラムから書き込みたいとしても，もともとパイプがつながっていないプログラムからは書き込めない，ということです．

　このように，FIFOやパイプは入ってきた順に出すデータ管理の仕組みという点では同じですが，どのプログラムがアクセスできるかという点で異なります．

④ まずはコマンド・ラインでFIFOの動作を試してみる

● 読み出し側ターミナル

コマンド・ラインからFIFOを試します.
ターミナルを3つ開いて, **図5**のように入力します.

読み出し側ターミナルでは以下の操作を行います.

▶FIFOを作る

mkfifoコマンドでFIFOを作成します. このコマンドの引き数でFIFOの名前を指定します.

作成したFIFOの属性を1sコマンドで確認すると, 属性の先頭がpになっています. おそらくパイプのpだと思っています. 普通のファイルの場合, ここは-になるので, 一見普通のファイルに見えますが, 何か違うことがわかります.

▶FIFOから読み出す

この状態で, 次の書き込み側ターミナルからFIFOに入力されるのを待ちます.

書き込み側ターミナルの入力が終われば, catコマンドでFIFOを読んでみます. 普通のファイルを読むのと同じ操作で, 書き込み側ターミナルから書き込んだデータが読めるはずです.

なお, ここで作成したFIFOは/tmpディレクトリにあります. このディレクトリは言わばRAMディスク上にあり, ラズパイの電源断や再起動を行うと, 格納しているファイル等が消えます. 作成したFIFOも消えてしまうので, 毎回作り直しが必要です.

● 2つの書き込み側ターミナルの入力

2つの書き込み側ターミナルでは, 作成したFIFOに対して, それぞれechoコマンドで適当な文字列を書き込みます. コマンド・ラインを見ただけでは, 書き込み先がFIFOなのか, 普通のファイルなのか区別できません.

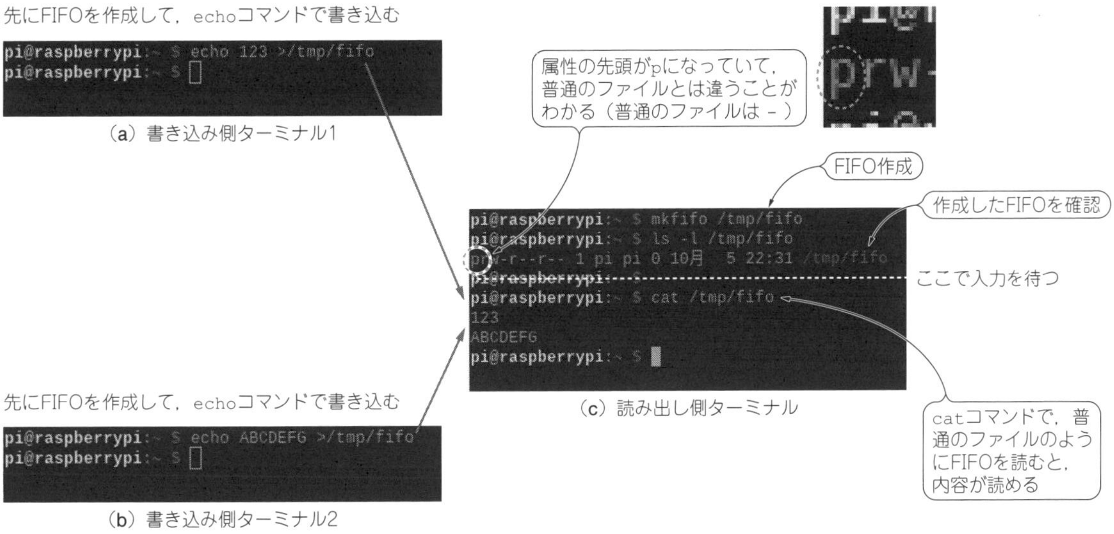

先にFIFOを作成して, echoコマンドで書き込む

```
pi@raspberrypi:~ $ echo 123 >/tmp/fifo
pi@raspberrypi:~ $ []
```

（a）書き込み側ターミナル1

属性の先頭がpになっていて, 普通のファイルとは違うことがわかる（普通のファイルは-）

FIFO作成

作成したFIFOを確認

```
pi@raspberrypi:~ $ mkfifo /tmp/fifo
pi@raspberrypi:~ $ ls -l /tmp/fifo
prw-r--r-- 1 pi pi 0 10月  5 22:31 /tmp/fifo
pi@raspberrypi:~ $
pi@raspberrypi:~ $ cat /tmp/fifo
123
ABCDEFG
pi@raspberrypi:~ $ █
```

ここで入力を待つ

（c）読み出し側ターミナル

catコマンドで, 普通のファイルのようにFIFOを読むと, 内容が読める

先にFIFOを作成して, echoコマンドで書き込む

```
pi@raspberrypi:~ $ echo ABCDEFG >/tmp/fifo
pi@raspberrypi:~ $ []
```

（b）書き込み側ターミナル2

図5 FIFOの動作確認
FIFOの作成方法は普通のファイルと異なるが, 読み書きについては普通のファイルと同様にFIFOも読み書きでき, 2つのプログラムの出力を一本化することもできる

⑤ 液晶表示プログラムで試してみる

● 文字列の先頭に別の文字列を付けるプログラムを作る

　液晶表示プログラムで試してみます．問題になるのは，液晶表示器の2行目に表示するためには，"2:"で始まる文字列にする必要があることです．

　そこで，文字列の先頭に"1:"や"2:"を付けるプログラムを作成します．作成したプログラムをリスト1に示します．

● コマンド・ラインの引き数を使う点が新しい

　import sysという今までにないインポートをしている点と，sys.argv[1] + lineという行が目新しい点です．

　importは，sys.argvを使うためです．

　sys.argvは，このプログラムを実行したときの引き数です．1番目の引き数が，sys.argv[1]に入ります．sys.argv[1] + lineとすることにより，1番目の引き数の文字列と，標準入力から読み取った変数lineの内容を連結します．

● 実行するイメージ

　このプログラムをstr2lcd.pyという名前にした場合，例えば標準入力から読み取った文字列の先頭に2:を付けたければ，次のようにプログラムを実行します．

```
str2lcd.py 2:
```

　こうすると，sys.argv[1]は2:になり，2:が先頭に付いた文字列を出力します．

リスト1　先頭への文字列追加プログラム
引き数で指定した文字列を先頭に追加して出力する

```
#!/usr/bin/env python3

import sys          ←──────────（sys.argvを使用するためにsysをインポートする）

try:
    while True:
        line = input()
        print(sys.argv[1] + line)  ←──（引き数で指定された文字列(sysy.argv[1])と
except KeyboardInterrupt:                標準入力から読み取った文字列(line)を連結して表示する）
    pass
```

⑥ 時刻を1行目，温度を2行目に表示してみる

　ターミナルを3つ開いてプログラムを実行していきます．

● 1番目のターミナルでの入力

　1番目のターミナルでは，/tmp/lcdというFIFOを作ります．先ほどとFIFO名を変えました．そして，次のように液晶表示プログラムを起動します．

```
mkfifo /tmp/lcd
lcd.py < /tmp/lcd
```

● 2番目のターミナルでの入力

　2番目のターミナルでは，時刻表示プログラムを実行します．

```
disptime.sh > /tmp/lcd
```

● 3番目のターミナルでの入力

　3番目のターミナルでは，温度表示プログラムと，リスト1のプログラムを実行します．温度の前にt=を付けています．また文字列を引用符で囲んでもかまいません．

```
spitemp.py | str2lcd.py "2:t=" > /
tmp/lcd
```

● 実行のようすを見る

　液晶表示器を確認すると，時刻と温度が表示されています．この実行のようすを図6に示します．

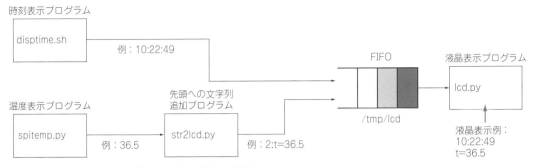

図6 液晶表示器に2つのプログラムの出力を表示する構成
1行目に時刻を，2行目に温度を表示する．1行目に表示する場合は行指定（"1:"）を省略できる

7 プログラムのさまざまな組み合わせ

● プログラムの構成

teeコマンドで出力を2つに分けると，より自由度の高い組み合わせを実現できます．

時刻表示プログラムの代わりにPWM出力プログラムを組み合わせて，液晶表示器にPWM値と温度を表示しつつ，LEDを点灯させてみます．

使用するプログラムの構成を図7に示します．ずいぶん込み入ってきました．下の段にある温度表示プログラムの流れは，図6と同じなので説明を省略します．

● PWM値を作成する

上の段を左から説明します．

スイッチ入力プログラムでスイッチのON/OFFに従って1/0を出力します．

sw2pwm.pyでは，それをPWM値に変換します．

● PWM値を液晶表示用とLED点灯用に複製する

PWM値を，液晶表示用とLED点灯用に分けるため，teeコマンドを使います．

▶液晶表示用の出力

teeコマンドの標準出力は，**リスト1**のプログラムに入り，表示する行数とPWMという文字列を合わせた"1:PWM"という文字列を先頭に付けて，液晶表示用FIFOに書き込みます．

▶LED点灯用の出力

一方，teeコマンドの引き数にはファイル名などを指定しますが，ここでPWM用のFIFOを用意しておくことで，そのFIFOを経由してPWM出力プログラムにPWM値を渡すことができます．

これがすべて動作すれば，LEDを点灯させつつ，液晶表示器に表示できます．

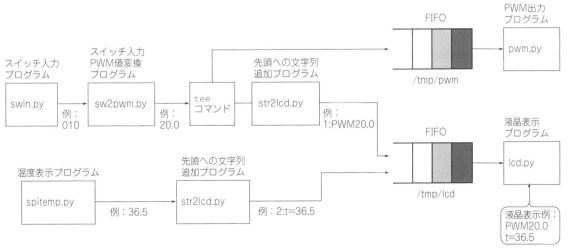

図7 LEDをPWM点灯しながら液晶表示器に2つのプログラムの出力を表示する構成
teeコマンドでPWM値を2つに分けることにより，LEDのPWM点灯と液晶表示器への表示を両立させている

⑧ プログラムを動かしてみる

今度は，ターミナルが4つ必要です．

● 1番目のターミナルでの入力（液晶表示用）

1番目のターミナルでは，もし作っていなければ，/tmp/lcdというFIFOを作ります．そして，次のように液晶表示プログラムを起動します．

```
mkfifo /tmp/lcd
lcd.py < /tmp/lcd
```

● 2番目のターミナルでの入力（LED点灯用）

2番目のターミナルでは，LEDをPWM点灯させるPWM出力プログラムを動かします．これも液晶表示器と同様に，FIFOを作成した後，そのFIFOから読み取るようにPWM出力プログラムを起動します．

```
mkfifo /tmp/pwm
pwm.py < /tmp/pwm
```

● 3番目のターミナルでの入力（PWM値生成用）

次のようにPWM値を生成します．

```
swin.py | sw2pwm.py | tee /tmp/pwm
| str2lcd.py 1:PWM > /tmp/lcd
```

これを実行することで，液晶表示器にPWM値が表示され，LEDも点灯します．スイッチを押すたびに表示されるPWM値が変わり，LEDの明るさも変わります．

● 4番目のターミナルでの入力

温度測定プログラムを動かします．

```
spitemp.py | str2lcd.py "2:t=" > /
tmp/lcd
```

＊　　　＊　　　＊

プログラムの起動は以上です．動作を確認できるはずです．なお，プログラムを終了するとき，pwm.pyでEOFエラーが発生するかもしれません．これは，pwm.pyでEOFErrorを処理していないのが理由です．lcd.py同様に処理すれば，このメッセージは出ません．

第4部

カメラ&ネットワーク入門

第15章　強力なラズパイ・カメラの撮影から定番OpenCVまで

カメラ制御&画像処理入門

永原　柊　Shu Nagahara

ラズパイでは，カメラのような大容量データを処理する機器を取り扱えます．ここでは，ラズパイの公式カメラ・モジュールを使います．

まずスイッチを押したときに撮影するプログラムを作り，次にセンサ値によって撮影するプログラムに取り組みます．

1 カメラ撮影に使用した実験ボード

ここで使用するカメラは，ラズパイ公式から出ている(Raspberry Pi財団が認可している)Raspberry Pi Camera Module V2.1(以降，カメラ・モジュール)です．ラズパイ状のカメラ・コネクタに接続して使用します．

実験のようすを写真1に示します．LEDと液晶表示器は使いません．また，カメラ・モジュールを写真2に示します．

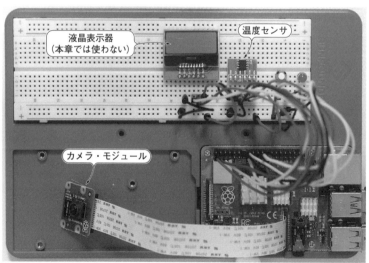

写真1　実験のようす
今回はカメラ・モジュールと温度センサを使う

（a）表面

（b）裏面

写真2　使用するカメラ・モジュール
ラズパイ専用のカメラ・モジュールを使用した

② 用意されている専用コマンドでカメラを制御する

カメラの制御には，用意されている専用コマンドraspistillを使います．このコマンドは静止画（写真）を撮影します．他にも動画撮影コマンドraspividなどがあります．

raspistillコマンドは起動時のオプションが大量にあります．raspistill --helpのように起動すると，説明が表示されます．**表1**に，今回使用するオプションを示します．

以下のようにraspistillコマンドを起動すると，640×480ピクセルの画像を，指定したファイル名のJPEGファイルとして保存します．

```
raspistill -n -w 640 -h 480 -t 10
-rot 180 -o 画像ファイル名.jpg
```

デフォルトでは撮影内容を確認するプレビュー画面が出たり，撮影まで5秒待ったりしますが，このオプ

表1　raspistillコマンドのオプション
使用しているものだけについて説明している

オプション	意　味
-n	プレビュー画面を表示しない
-w	画像の横幅
-h	画像の高さ
-t	撮影までの待ち時間
-rot	画像を角度指定で回転させる
-o	出力ファイル名の指定

ションを設定すると，即座に撮影して（撮影までの待ち時間は10 ms）ファイルに保存します．

なお，画像を180°回転しているのは，筆者の環境ではカメラの向きがそうなっているからです（**写真1**）．皆さんが実験するときは，カメラの状況に合わせて変更してください．

③ スイッチを押したときに撮影するプログラムの構成

使用するプログラムの関係を**図1**に示します．

swin.pyは第8章で作成したプログラムです．スイッチを押すと標準出力に1を出力します．

その隣にあるpicam.shは，これから作成するプロ

グラムです．これは標準入力を読んで1が来れば，raspistillコマンドを起動します．

raspistillコマンドは，起動されると即座に撮影して，指定されたファイルに撮影画像を保存します．

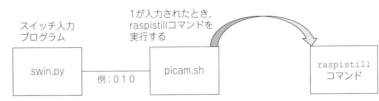

図1　作成するシステム構成
スイッチを押すとswin.pyから1が出力される．picam.shは1が入力されたときにraspistillコマンドを実行する．このコマンドが写真の撮影から保存まですべて行う

④ カメラ撮影プログラムの作成

● プログラムをシェル・スクリプトで作る

標準入力に応じてコマンドを実行するプログラムは，シェル・スクリプトでもPythonでも作成できます．ここではシェル・スクリプトで作成します．作成したプログラムをリスト1に示します．

● 画像を保存するディレクトリを作る

ここではユーザpiのホーム・ディレクトリ直下に，picamというディレクトリを作ります．

3行目で画像を保存するディレクトリを作り，変数CAMPATHにそのディレクトリ名を設定します．

実際にディレクトリを作成するのは，6行目です．mkdirコマンドに-pオプションを付けて実行しています．このオプションを付けることにより，/home/pi/aaa/bbb/cccのような深いディレクトリを指定しても，問題なく作成できます．

● 標準入力を読んで1が来るのを待つ

10行目のwhileループは，メイン・ループです．標準入力から読み取って変数lineに代入し，12行目でその値が1なら撮影を行います．

● 保存するファイル名は撮影する日時と時間にする

撮影する前に，保存するファイル名を年-月-日_時-分-秒.jpgにすることで，上書きされないようにしています．

14行目のdateコマンドを実行して変数DATEに代入しています．そのとき，15行目と16行目で拡張子.jpgを除いてこのファイル名になるように書式を指定しています．

最後に，raspistillコマンドを起動しています．これまで説明してきたオプションと，ここで作成したファイル名を指定しています．

リスト1　撮影コマンド起動プログラム (picam.sh)
標準入力から1が入力されれば撮影実行する

```
 1  #!/bin/sh
 2
 3  CAMPATH=/home/pi/picam          ← 撮影データを保存するディレクトリ
 4  if ! [ -d ${CAMPATH} ]          ← もしそのディレクトリがなければ作成する
 5  then
 6      mkdir -p ${CAMPATH}         ← -pオプションを付けることで，深いディレクトリでも作成できる
 7      sleep 0.5
 8  fi
 9
10  while read LINE
11  do
12      if [ ${LINE} -eq 1 ]       ← 1が入力されたら撮影する
13      then
14          DATE=$(date +"%F_%H-%M-%S")   ← ファイル名作成のために，dateコマンドを実行して
15          raspistill -n -w 640 -h 480 -t 10 -rot 180 -o ${CAMPATH}/${DATE}.jpg   指定書式で変数DATEに代入する
16      fi     ← 撮影を実行し，変数CAMPATHのディレクトリに変数DATEの値の名前で保存する
17  done
```

⑤ **カメラ撮影の動作確認**

● カメラを有効にする

順番に動作確認します．I²CやSPIと同様に，カメラもデフォルトでは無効になっています．動作確認の前に有効にします（**図2**）．

● **raspistill**コマンドの動作確認

raspistillコマンドを単体で実行して，撮影できることを確認します．

「raspistill」だけを実行すると，長大なヘルプ・メッセージが出て何も撮影されません．このコマンドで撮影するには，少なくとも次のように出力ファイル名を指定する必要があります．

```
raspistill -o 画像ファイル名.jpg
```

実行すると，プレビュー画面が出て，5秒後に撮影し，その画像を指定したファイル名で保存します．

撮影した画像ファイルの内容を確認するには，次のようにするのが簡単です．

(1)ファイルマネージャを開く（ファイルマネージャのアイコンは，ラズパイ・アイコンの2つ右にある，黄色いフォルダのアイコン）

(2)画像ファイルを保存したディレクトリに移動

(3)そのディレクトリに保存された画像ファイルをダブルクリックする

撮影できていれば，イメージビューワが開いて，撮影した画像を確認できます．

● picam.shの確認

picam.shプログラムの動作確認をします．このプログラムは次のように起動します．

```
picam.sh
```

プログラムを起動すると入力待ちになるので，キーボードから1を入力して，撮影が実行されることを確認します．ホーム・ディレクトリ直下にpicamディレクトリができて，その下に撮影したファイルができます．

raspistillコマンドはpicam.shから起動されるので，コマンド・ラインでの指定は不要です．

● 全体の動作確認

コマンド・ラインから次のように入力して，スイッチを押せば撮影できることを確認します．

```
swin.py | picam.sh
```

（a）メニュー画面

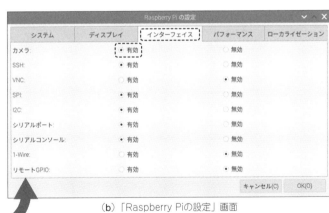

（b）「Raspberry Piの設定」画面

図2 カメラを有効にする

ラズパイの世界　ハード&ソフト　I−O制御の基本　よく使うI−O　**カメラ&ネット**　実用的に動かす

⑥ ラズパイ内部の動作イメージ

スイッチ入力によるカメラ撮影を行ったときの，ラズパイ内部の動作イメージを**図3**に示します．実際にはもっと複雑なことを行っていますが，単純化しています．

● swin.pyプログラムの実行

swin.pyプログラムはPythonプログラムであり，実行にはPython実行環境が必要です．また，GPIO操作のためのパッケージを用いています．

スイッチが押されると，GPIOハードウェア，GPIOドライバを経由して，swin.pyプログラムにその情報が伝わります．

swin.pyプログラムは，標準出力にスイッチの状態を出力します．

この標準出力と，picam.shプログラムの標準入力はパイプでつながっています．パイプはラズパイのカーネル内に用意されています．

● picam.shプログラムの実行

picam.shプログラムはシェル・スクリプトであり，実行にはシェル・スクリプト実行環境が必要です．

このプログラムの標準入力はパイプに接続されています．このプログラムは，そこから1が来るのを待ちます．

1が来れば，raspistillコマンドを起動します．

● raspistillコマンドの実行

raspistillコマンドは，カメラへの撮影指示を行い，画像データを受け取って，ファイルに格納します．

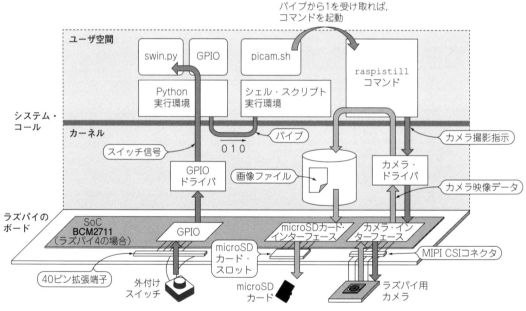

図3　スイッチ入力によるカメラ撮影時のラズパイ内部のイメージ
3つのプログラムの関係と，ラズパイ・カーネル内の動作イメージを示す

⑦ 温度センサの測定値に基づいて撮影するプログラムを作る

● スイッチの代わりに温度センサを使う

センサの測定値に基づいて撮影します．センサの測定値を処理して，撮影するべきと判断したら標準出力に1を出せば，スイッチを使った場合と同様の動作になります．ここでは温度センサ（第13章参照）を使います．

● システム全体の仕様

システム全体としては，下記のような仕様にします．
(1)起動直後の温度を測定して，基準温度として記憶する
(2)継続的に温度を取得して，基準温度より1度以上上昇していれば撮影する
(3)撮影したときの温度を基準温度として，(2)に戻る

● 作成するプログラムの仕様

温度測定のプログラムspitemp.py（第13章参照）と撮影コマンドを起動するプログラムpicam.shは作成済みです．新たに作成するのは撮影判定プログラムtemp2cam.pyです．次のような仕様です．
(1)起動後，標準出力に0を出力する．標準入力から温度を読み取り，基準温度として記憶する
(2)標準入力から温度を読み取り，基準温度より1度以上上昇していれば，標準出力に1を出力する（＝撮影する）．続いて標準出力に0を出力する．上昇していなければ温度を読み取り続ける
(3)撮影したときの温度を基準温度として，(2)に戻る

作成するシステム構成を図4に示します．

● 作成したプログラム

作成したプログラムtemp2cam.pyをリスト2に示します．これといって，難しいところはありません．リスト内のコメントを参照してください．

図4 作成するシステム構成
spitemp.pyは温度センサで測定した値を出力する．temp2cam.pyは温度を読み取り続け，基準温度より1℃以上上昇したら1を出力する．picam.shは1が入力されたときにraspistillコマンドを起動する

リスト2 撮影判定プログラム（temp2cam.py）
温度が1℃以上上昇したら標準出力に1を出力する

```
#!/usr/bin/env python3

try:
    print('0', flush=True)
    firsttmpval = float(input())          ← 基準温度を取得する
    while True:
        tmpval = float(input())           ← 最新の温度を取得する
        if tmpval - firsttmpval >= 1.0:   ← 1℃以上上昇していれば真
            firsttmpval = tmpval          ← その温度を新たな基準温度にする
            print('1', flush=True)
            print('0', flush=True)        ← 1を出力する（撮影する）
except KeyboardInterrupt:
    pass
```

127

8 温度の測定値に基づいた撮影の動作確認

● temp2cam.pyの動作確認

temp2cam.pyの確認を行います．起動すると0を出力して入力待ちになるので，適当な温度をキーボードから入力します．これが基準温度になります．

さらに温度を入力しますが，基準温度より1℃以上高い温度を入力すると1，0が連続して出力されます．いったん1，0が出力されると基準温度が変わり，その基準温度より1度以上高い温度を入力したときに1，0が出力されることを確認します．

● picam.shとの組み合わせの確認

次のように起動します．

```
temp2cam.py | picam.sh
```

キーボードから適当な温度を入力し，基準温度より1℃以上高い入力値の場合，撮影が行われて画像ファイルが増えます．

● システム全体の動作確認

システム全体の動作確認は次のように起動します．

```
spitemp.py | temp2cam.py | picam.sh
```

温度センサに指を当てるなどして，温度を上昇させると撮影が行われ画像ファイルが増えます．

9 温度センサと組み合わせたときのラズパイ内部の動作イメージ

温度センサと組み合わせてカメラ撮影を行ったときの，ラズパイ内部の動作イメージを図5に示します．図3と重複する点が多いので，差分を説明します．

● spitemp.pyプログラムの実行

spitemp.pyプログラムはSPI操作のためのパッケージを用いています．

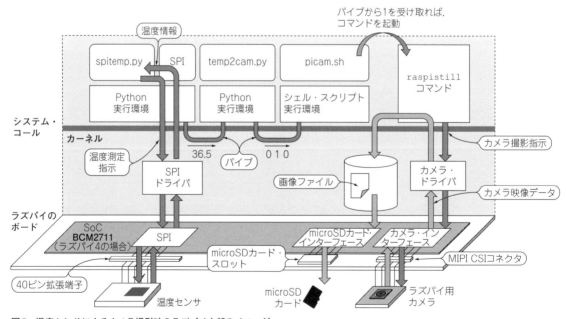

図5　温度センサによるカメラ撮影時のラズパイ内部のイメージ
4つのプログラムの関係と，ラズパイ・カーネル内の動作イメージを示す

SPIデバイス・ドライバやSPIハードウェアを用いてSPI通信を行い，センサに測定指示を出し，またセンサから測定温度データを受け取ります．

spitemp.pyプログラムは，標準出力に温度情報を出力します．この標準出力と，次のtemp2cam.pyプログラムの標準入力はパイプでつながっています．

● temp2cam.pyプログラムの実行

temp2cam.pyプログラムの標準入力はパイプに接続されています．標準入力から温度情報を受け取って判断し，撮影するときに標準出力に1を出します．

この標準出力と，picam.shプログラムの標準入力はパイプでつながっています．

⑩ 撮影したデータに対して画像処理を行う

ここまでは，カメラで撮影する条件（スイッチを押したり，温度がしきい値を超えたり）をいろいろ変えられることを見てきました．しかし，撮影したデータはファイルに保存するだけでした．

撮影したデータに対して画像処理を行います．画像処理には定番のOpenCV（Open Source Computer Vision Library）を用い，Pythonでプログラムを作ります．

なお，画像処理は奥深い技術なので，ここでは最小限の手順を示すだけにします．

● OpenCVのインストール

ラズパイにはデフォルトではOpenCVはインストールされていないので，必要なソフトウェアのインストールを行います．

OpenCVのインストールは，図6に示すようにコマンド・ラインから次のように行います．

```
pip3 install opencv-python
```

これだけでOpenCVのインストールは終了ですが，おそらく必要なライブラリがなくエラーが出ると思い

ます．念のため，その確認手順も示しておきます．

● OpenCVが使える状態になっているかの確認

コマンド・ラインから図7のようにPython3を起動します．対話モードで起動するので，プロンプト（>>>）に対して次のように入力します．

```
import cv2
```

cv2とは，OpenCVのことです．

何もエラーが出ずに次のプロンプト（>>>）が出れば，インストール完了です．もし図7のようにエラーが出たら，必要なライブラリをインストールします．

● ライブラリのインストール

図7のエラーはlibcblas.so.3というファイルがないことが原因なので，必要なファイルを次のような操作でインストールします．

```
sudo apt install libatlas-base-dev
```

インストールすると，図8のようなメッセージが表示されます．

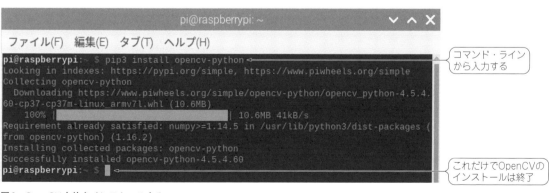

図6 OpenCV本体をインストールする

● NumPyの更新

これで図7の操作を行うと，今度はNumPy（Pythonで数値計算を効率的に行うためのライブラリ）についてエラーが発生するかもしれません．

その場合，次のようにNumPyを更新すれば解決します．

```
pip3 install numpy -- upgrade
```

操作を行ったときのメッセージを図9に示します．

これで再度図7の操作（import cv2）を行うと，今度はエラーなくプロンプト（>>>）が表示されると思います．これで準備完了です．

```
pi@raspberrypi:~ $ python3
Python 3.7.3 (default, Jan 22 2021, 20:04:44)
[GCC 8.3.0] on linux
Type "help", "copyright", "credits" or "license" for more information.
>>> import cv2
Traceback (most recent call last):
  File "<stdin>", line 1, in <module>
  File "/home/pi/.local/lib/python3.7/site-packages/cv2/__init__.py", line 8, in
 <module>
    from .cv2 import *
ImportError: libcblas.so.3: cannot open shared object file: No such file or dire
ctory
>>>
```

Python3起動

import cv2実行（OpenCVをロードする）

ここでは，libcblas.so.3が見つからない，というエラーが出た

図7　OpenCVが使える状態になっているかを確認する（エラーが出なければインストール完了）

```
pi@raspberrypi:~ $ sudo apt install libatlas-base-dev
パッケージリストを読み込んでいます... 完了
依存関係ツリーを作成しています
状態情報を読み取っています... 完了
以下のパッケージが自動でインストールされましたが、もう必要とされていません:
  gconf-service gconf2-common libbluetooth3 libexiv2-14 libgconf-2-4
  libgfortran3 libgmime-2.6-0 libssl1.0.2 lxplug-volume python-colorzero
  uuid-dev
これを削除するには 'sudo apt autoremove' を利用してください。
以下の追加パッケージがインストールされます:
  libatlas3-base
提案パッケージ:
  libatlas-doc liblapack-doc
〜
update-alternatives: /usr/lib/arm-linux-gnueabihf/libblas.so (libblas.so-arm-lin
ux-gnueabihf) を提供するために自動モードで /usr/lib/arm-linux-gnueabihf/atlas/li
bblas.so を使います
update-alternatives: /usr/lib/arm-linux-gnueabihf/liblapack.so (liblapack.so-arm
-linux-gnueabihf) を提供するために自動モードで /usr/lib/arm-linux-gnueabihf/atla
s/liblapack.so を使います
libc-bin (2.28-10+rpt2+rpi1) のトリガを処理しています ...
pi@raspberrypi:~ $
```

図8　必要なライブラリlibatlas-base-devをインストールする

```
pi@raspberrypi:~ $ pip3 install numpy --upgrade
Looking in indexes: https://pypi.org/simple, https://www.piwheels.org/simple
Collecting numpy
  Downloading https://www.piwheels.org/simple/numpy/numpy-1.21.5-cp37-cp37m-linu
x_armv7l.whl (12.3MB)
    100% |████████████████████████████████| 12.3MB 37kB/s
Installing collected packages: numpy
  The scripts f2py, f2py3 and f2py3.7 are installed in '/home/pi/.local/bin' whi
ch is not on PATH.
  Consider adding this directory to PATH or, if you prefer to suppress this warn
ing, use --no-warn-script-location.
Successfully installed numpy-1.21.5
pi@raspberrypi:~ $
```

図9　NumPyをアップデートする

11 画像処理プログラムの作成

ごく簡単な画像処理プログラムを作成します。カメラから画像を読み取り、モノクロ画像に変換して、元画像とモノクロ画像の両方を表示します。これを、キー入力があるまで繰り返します。

画像読み取り、モノクロ変換、画像表示という、ごく基本的な操作だけを行っています。OpenCVには、例えば顔認識など、さまざまな高度な機能が用意されています。ここで作るプログラムを参考に拡張してみてください。

● 作成するプログラム

作成した画像処理プログラムをリスト3に示します。OpenCVを使うには、まずimport cv2を行います。次に、VideoCaptureでカメラをオープンします。

その後、無限ループに入ってreadでカメラから画像を読み取ります。読み取った画像をcvtColorでモノクロ画像に変換し、元の画像とモノクロ化した画像を、imshowで表示します。このループを、キー入力があるまで繰り返します。

キー入力があれば、後始末を行って終了します。

● 実行結果

撮影した画像をプログラムに取り込んで、画像処理

図10 リスト3の実行結果(モノクロに変換した画像)
OpenCVを使ってカメラからの読み取りと画像処理ができることを確認した

を行うことができます。実行した画像を図10に示します。プログラムを実行すると元のカラー画像と同時に、モノクロ化した画像がリアルタイムに変わっていきます。何かキーを押すと終了します。

このように、スイッチや温度センサなど、撮影のトリガの指定と組み合わせて、自由度の高いプログラムを作ることができます。

リスト3 画像処理プログラムの例
カメラから画像を読み取り、モノクロ画像に変換して、元の画像とモノクロ画像の両方を表示する

```python
#!/usr/bin/env python3

import cv2                           ← （OpenCVを使用する）

cap = cv2.VideoCapture(0)            ← （カメラ0を動画読み取り用に使う）

while True:
    ret, oimg = cap.read()          ← （画像を読み取る）
    gimg = cv2.cvtColor(oimg, cv2.COLOR_BGR2GRAY)  ← （モノクロ画像に変換する）
    cv2.imshow('original', oimg)     ← （2つの画像を表示する）
    cv2.imshow('gray', gimg)
    key = cv2.waitKey(1)
    if key != -1:                    ← （キー入力があればループ終了）
        break

cap.release()                        ← （OpenCVの後始末）
cv2.destroyAllWindows()
```

12 Webカメラの利用

● 一般的なUSB接続のWebカメラを使う

　ラズパイ用のカメラではなく，一般的なUSB接続のWebカメラを使ってみます．

　使用する機種は，私の手元にあったC270n（ロジクール）です（写真3）．このカメラは，ラズパイのUSBコネクタに接続するだけで利用できます．

● プログラムの改造

　Webカメラを使うためのコマンドとしてfswebcamなどがありますが，ここではリスト3のプログラムを改造して，Webカメラに対応させます（リスト4）．

　リスト3からの変更点は，VideoCaptureの引き数を1にしたところだけです．この変更を行って実行すると，ラズパイ用カメラも接続したままにも関わらず，USB接続のWebカメラの画像を取得できました．

　引き数はカメラの番号です．私の環境ではカメラ0番は写真2のラズパイ用カメラ，カメラ1番は写真3のWebカメラでした．

　ただし，どのカメラが何番か，というのは実行した環境に依存します．みなさんの環境でどうなるか，確認して使用してください．

写真3　使用したWebカメラの外観
Logicool C270nを使った

リスト4　画像処理プログラムで使うカメラを変更した
VideoCaptureの引き数でカメラを指定する．私の環境では，引き数を0にするとラズパイ用カメラを，引き数を1にするとWebカメラを指定できた

```
#!/usr/bin/env python3

import cv2

cap = cv2.VideoCapture(1)    ← カメラ1を動画
                                読み取り用に使う

（以降，リスト3と同じ）
```

IoT センシング入門

永原 柊 Shu Nagahara

ラズパイの特徴の1つは，ネットワーク機能が強力であることです．Raspberry Pi財団のWebサーバは20台ほどのラズパイ4クラスタで構成されていたことがある，という情報もあります．

ここでは温度センサを使って気温を測定し，そのデータをインターネット上のサービスであるAmbientに送信して，グラフ表示してみます．

① IoTデータの可視化サービスAmbientの準備

● Ambientとは

公式Webページ（https://ambidata.io）によると，Ambientは「IoTデータの可視化サービスです．マイコンなどから送られるセンサ・データを受信し，蓄積し，可視化（グラフ化）します」と紹介されています．

データを送信するだけでグラフが作成され，スマートフォンやパソコンなどで参照できます．少し使うだけであれば無料で利用できます．

● ユーザ登録

まずユーザ登録を行います．

図1に示すように，Ambientのホーム画面から「ユーザ登録（無料）」を選ぶとユーザ登録画面に進めます．指示される通りに登録してください．

● チャネル作成

Ambient側でデータの受信の準備を行います．

登録したユーザでログインすると，チャネルを作成する画面に進みます．チャネルというのは，Ambientでデータを管理する単位のことです．無料で利用する場合，1チャネルあたり8種類のデータを蓄積できます．

図2に示すように，作成したチャネルの情報が表示されます．この画面のチャネルIDとライトキーをプログラム作成時に使うので，記録しておきます．

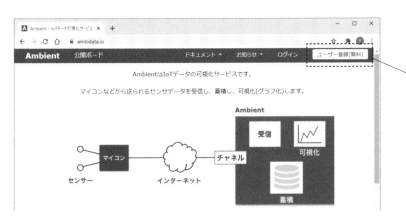

（a）IoTデータ可視化サービスAmbientのホーム画面

（b）ユーザ登録画面

図1 Ambientの画面

チャネル名をクリックするとデータをグラフ表示できる

この2つの値をソース・コードに転記する

最初はここをクリックしてチャネルを作成する

図2　チャネル一覧画面
チャネルという単位でデータをまとめられる

　なお，チャネルIDは公開することもありますが，ライトキーは公開しないでください．以下ではわかりやすさのためにライトキーも公開していますが，チャネルIDとライトキーを知っていれば，誰でもそのチャネルにデータを送信できるようになってしまいます．正しくないデータが登録されるのを防ぐために，ライトキーは本来は非公開にします．

● グラフ表示

　図2のチャネル名をクリックすると，そのチャネルに蓄積されているデータが図3のようにグラフ表示されます．

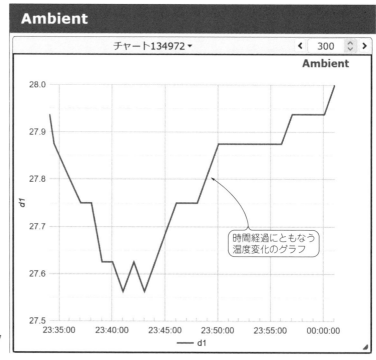

時間経過にともなう温度変化のグラフ

図3　グラフ表示画面
指定したチャネルのデータをグラフ表示できる

② インターネット経由でAmbientと接続するシステム構成

　システム構成を**図4**に示します．図の左側はセンサで測定してAmbientに送信する側で，右側はAmbientに蓄積されたデータを参照する側です．

　ここではSPI接続の温度センサを使います．もちろん，他のセンサを使ってもかまいません．実験のようすを**写真1**に示します．今まで使ってきたものがいろいろ残っていますが，使っているのは温度センサだけです．

　Ambientはインターネット上のサービスなので，ラズパイからインターネットに接続できるように設定してください（第1部 第2章を参照）．

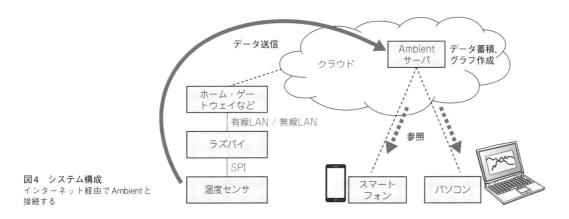

図4　システム構成
インターネット経由でAmbientと接続する

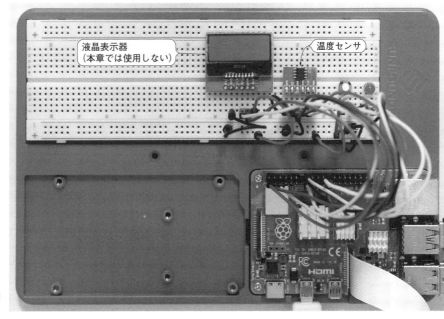

写真1　実験のようす
ここでは温度センサだけを使っている

③ 使用する通信プロトコル

● 通信プロトコルをきっちり実装するのはたいへん

図4のシステムで，データ送信に使う通信プロトコルを図5に示します．ラズパイには，このように通信プログラムが必要とする通信プロトコルが，数多く標準で用意されています．

通信プロトコルを実装するのはたいへんです．とくに実用的な通信プロトコルであれば，さまざまなエラー処理を行う必要があります．

その点，Raspberry Pi OSのベースになっているLinuxはインターネット上のサーバで広く利用されていて，実績があります．そういう実績のあるOSに用意された通信プロトコルの実装を標準で利用できるの

が，ラズパイのネットワーク機能が強力である理由の1つです．

● Ambient通信プロトコル

図5のAmbient通信プロトコルは，HTTP上でデータをどのように受け渡すのかを定めたものです．

この部分については，Ambientで用意したプログラムが公開されています．ここでは，Python用のプログラムを利用します．使い方に関しては，サンプル・プログラムを参照するのが良いと思います（https://ambidata.io/samples/を参照）．

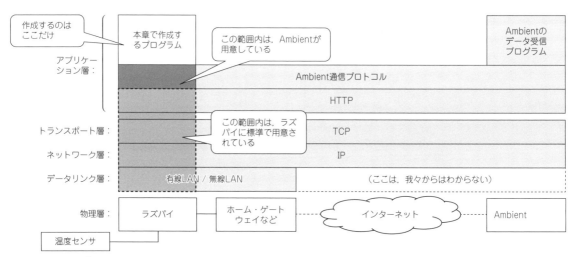

図5 Ambientにデータ送信するときに使用する通信プロトコル・スタック
使用する通信プロトコルはすでに用意されているので，ユーザは作成するプログラムに集中できる

④ 温度を測定してクラウドに上げるプログラムの構成

ここで作成するプログラムの全体構成を図6に示します．SPI通信の章（第13章）で作成済みの温度測定プログラムspitemp.pyが定期的に温度を測定し，str2lcd.pyが測定値の先頭にデータの種別を表す文字列d1:を付けます．そして本章で作成するsendambi.pyがAmbientに送信します．

図6　作成するプログラムの構成
温度測定プログラムspitemp.py（第13章参照）が定期的に温度を測定する．str2lcd.py（第12章参照）が測定値の先頭にデータの種別を表す文字列d1:を付ける．そして，ここで作成するsendambi.pyがAmbientに送信する

温度測定
プログラム
spitemp.py ── 例：36.5 ──> 先頭へデータの種別を付加 str2lcd.py ── 例：d1:36.5 ──> Ambient送信プログラム sendambi.py

⑤ Ambient モジュールのインストール

Python用のAmbientモジュールをインストールします．

インストール手順などが書かれたドキュメントが用意されています．図7に示すAmbientのトップ・ページからたどっていけば参照できます．

ただ，複数箇所にインストール手順が書いてあって，内容が微妙に異なるので注意が必要です．

インストールにpipコマンドを使うように指示してあるかもしれません．これではうまくいかない可能性があります．pipコマンドではなく，pip3コマンドを使ってください．コマンド名を変えるだけです．pip3はここで使っているPython3用のコマンドです．pipコマンドではPython2のほうにモジュールをインストールしてしまいます．

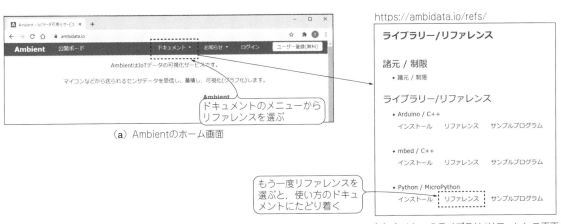

（a）Ambientのホーム画面

（b）Ambientのライブラリ/リファレンス画面

図7　Ambientが用意しているライブラリ（https://ambidata.io/refs/）
Pythonのライブラリを使用する

⑥ Ambientへデータを送信するプログラムを作る

作成したプログラム(sendambi.py)を**リスト1**に示します．Ambientモジュールを使うことで，とても簡単なプログラムになっています．

3行目のimportでAmbientモジュールを読み込みます．

6行目のambient.AmbientでAmbientへの接続準備をします．このとき，チャネルIDとライトキーを引き数で指定します．

7行目からがメイン・ループです．

9行目で標準入力から測定値を読み取ります．d1:36.5

のような形式を想定しています．d1はチャネル内のデータの種別を表します．d1～d8の最大8種類を指定できます．例えば，d1は温度，d2は湿度，…といった感じです．ここではd1だけを使っています．

10行目のv[s[:2]]で始まる行で，標準入力から読み取った文字列を，データの種別と測定値に変換しています．d1:36.5という入力であれば，この行はv[d1]=float(36.5)になります．

12行目のsendでAmbientに送信します．

リスト1 Ambient送信プログラム(sendambi.py)
標準入力から読み込んだ値をAmbientに送信する

```
1   #!/usr/bin/env python3
2
3   import ambient          ← Ambientモジュールを使う
4
5   try:                     チャネルID  ライトキー
6       ambi = ambient.Ambient(42327, "0025da4059e5c0db")  ← チャネルIDとライトキーを指定して接続準備する
7       while True:
8           v = {}                        "d1:温度"の形式で標準入力から読み込む
9           s = input()  ←
10          v[s[:2]] = float(s[3:])  ←  s[:2]は先頭2文字(つまりd1)のこと．s[3:]は温度部分の文字列．この処理で入力値を記録する
11          print(v)  ←                デバッグ用に表示した．削除可能
12          r = ambi.send(v)  ←
13  except KeyboardInterrupt:      測定値をAmbientに送信する
14      pass
```

⑦ プログラムを実行してみる

● プログラムをちょっと変更

実行する前にspitemp.py(第13章参照)の変更が必要です．Ambientは短い間隔(5秒程度)でデータを送信しても，そのデータは破棄される仕様です．ここでは1分間隔で送信します．このプログラムでは温度測定を行う度に送信するので，温度測定自体を1分間隔で行います．

変更点を**リスト2**に示します．温度測定間隔を1秒から60秒に変更します．

● コマンド・ラインから実行する

コマンド・ラインから，次のように起動します．

spitemp.py | str2lcd.py "d1:" | sendambi.py

spitemp.pyで60秒ごとに温度測定を行い，str2lcd.pyでその測定値の先頭にd1:を付加し，sendambi.py

でAmbientに送信します．

● 実行結果

すでに示した**図3**が実行結果の例です．このように，ごく簡単なプログラムで測定値をインターネット上のサービスに送信できます．

リスト2 spitemp.pyプログラムの変更箇所
温度測定間隔を変更する

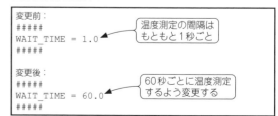

```
変更前：
#####
WAIT_TIME = 1.0  ←  温度測定の間隔はもともと1秒ごと
#####

変更後：
#####
WAIT_TIME = 60.0  ←  60秒ごとに温度測定するよう変更する
#####
```

8 ラズパイ内の動作

　温度センサを使って温度を測定し，そのデータをAmbientに送信する動作をしているとき，ラズパイ内では**図8**のようなことが行われています．第14章のカメラの動作とだいたい同じです．

● Pythonの3つのプログラムの動作
　ユーザ空間では，下記のspitemp.py，str2lcd.py，sendambi.pyの3つのプログラムがパイプでつながって動いています．
▶spitemp.pyプログラム
　spitemp.pyは，温度センサを制御して温度を測定します．
▶str2lcd.pyプログラム
　str2lcd.pyは文字列操作を行うプログラムであり，ユーザ空間内で動作します．動作としては第15章のtemp2cam.pyプログラムと同様と考えてよいでしょう．
▶sendambi.pyプログラム
　新たに作成したsendambi.pyは，インターネット経由でAmbientサービスと接続するのに必要なプロトコルを利用して動作します．

● プロトコル関連の動作
　TCP/IPなどのプロトコルは，OSが標準で用意しているものを利用します．カーネル内で動作しています．
　一方，Ambient通信プロトコルはユーザ空間内のPython実行環境上で実行されます．**リスト1**でAmbientモジュールの`send`を呼び出すと，Ambientモジュールでアプリケーション層の処理を行った後，カーネル内に入ってTCP/IPなどの処理を行います．そして，デバイス・ドライバからハードウェアを経由して，ラズパイ外に送信データが出て行きます．

◆本章の参考文献◆
(1) 白阪 一郎，永原 柊ほか：定番STM32で始めるIoT実験教室，CQ出版社，2021年．

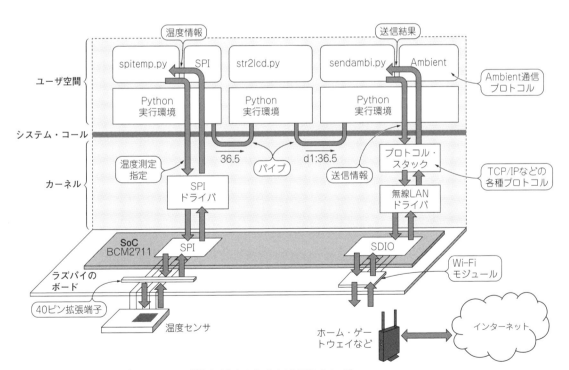

図8 温度センサで取得した値をAmbientに送信するときのラズパイ内部のイメージ
TCP/IPなどの通信プロトコルはカーネル内で処理され，Ambient通信プロトコルはユーザ空間で処理される

ラズパイ Web サーバ入門

永原 柊 Shu Nagahara

前章ではクラウドに対してラズパイがクライアントとして動いていました. 本章では, ラズパイを簡易なWebサーバとして動かしてみます.

パソコンやスマートフォンなどのクライアントからアクセスして操作することにより, WebサーバであるラズパイにつながるLEDを点灯/消灯させてみます.

本章で行う実験は基本的なやり方を確認するものです. これができれば, ネットワーク上のクライアントからリクエストを受けて, さまざまな動作をさせることができるはずです.

❶ Webのしくみ

図1に, クライアントからWebサービスを利用する際の大まかな流れを示します.
(1)クライアントのWebブラウザにアクセス先となるURLが入力されると, クライアントはWebサーバにアクセスしてリクエストを送信する
(2)Webサーバは, あらかじめ用意してある静的なデータや, プログラムにより生成する動的なデータからレスポンスを返す
(3)クライアントは, 返ってきたレスポンスをもとに整形して表示する

今回の実験では, ラズパイ上でWebサーバを動かします(図2). 静的なデータはmicroSDカードに格納しておき, 動的なデータはPythonプログラムで生成します. また, そのプログラムでLEDの点灯/消灯も同時に行います.

使用する通信プロトコルは図3のようになっています. 必要なプロトコル・スタックはラズパイに標準で用意されています.

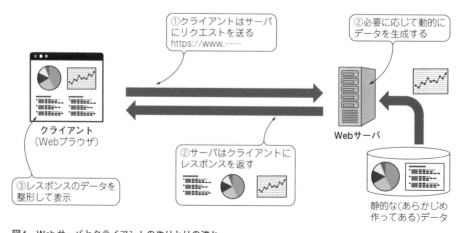

図1　Webサーバとクライアントのやりとりの流れ
クライアントであるWebブラウザからのリクエストに応じて, Webサーバは静的&動的なデータからなるレスポンスを返す. Webブラウザはそのレスポンスを整形して表示する

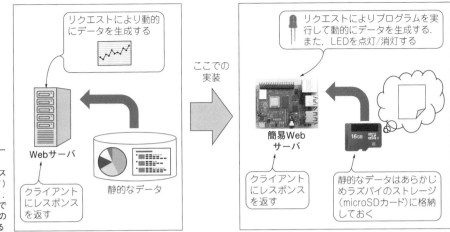

図2 作成するWebサーバの動作
静的なデータはラズパイのストレージ（microSDカード）にあらかじめ格納しておく．動的なデータはプログラムで生成する．また，動作確認のためにLEDを点灯/消灯する

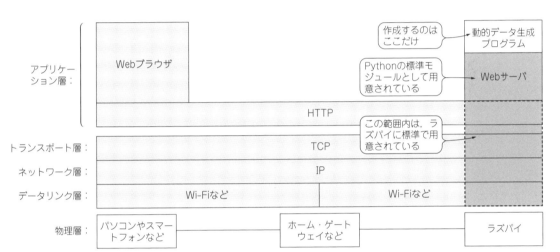

図3 使用する通信プロトコル・スタック
Ambientに接続する場合と異なり，独自プロトコルは使わない．ラズパイに標準で用意されたHTTPプロトコルまでを使って通信する

② ラズパイをWebサーバとして動かすシステム構成

　ラズパイを簡易Webサーバとして動かしてみます．本章では，Pythonに用意されているWebサーバを使います．動作確認程度に使うには手軽で良いと思います．

　システム構成を図4に示します．ラズパイ上でWebサーバを動かして，パソコンやスマートフォンのWebブラウザからアクセスします．これらの機器が，同一のホーム・ゲートウェイなどにつながっている環境（家庭内ネットワークなどのローカル・ネットワー

ク）を想定しています．

　この環境だとラズパイに割り振られるIPアドレスはローカルIPアドレスなので，簡易Webサーバは，家庭内ネットワーク内だけで使用可能です（インターネット経由ではアクセスできない）．例えば，スマートフォンでWi-FiをONにして家庭内ネットワークに接続すればラズパイにアクセスできますが，Wi-FiをOFFにして携帯基地局経由で接続するとエラーになります．

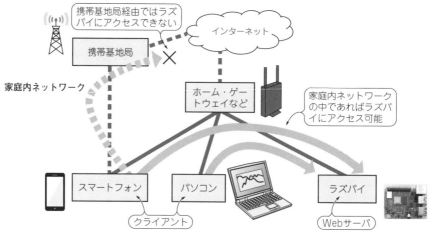

図4　Webサーバ実験のシステム構成
ラズパイにIPアドレスを割り当てる．ホーム・ゲートウェイなどを経由すれば，ラズパイにアクセス可能（設定によりアクセスできないこともある）

③ Webサーバが使うディレクトリとファイルを用意する

● ディレクトリの作成

　Webサーバのアクセス先となるディレクトリは，Webサーバ専用に新しく作ります．

　このディレクトリ以下に置いてあるファイルは，クライアント側からアクセスされる可能性があります．秘密の情報が書いてあるファイルなどは，このディレクトリの外に置きます．

　ユーザpiのホーム・ディレクトリ直下に，Webサーバ専用にwebというディレクトリを作りました．絶対パスで言うと，/home/pi/webディレクトリです．

● ファイルの作成

　作成したディレクトリ下に，デフォルトで表示する
ドキュメントであるindex.htmlと，favicon.icoを用意します．その結果，ディレクトリとファイルは図5(a)のようになります．

　index.htmlは，Webブラウザで表示するデフォルトのドキュメントです．今回は動作確認のために表示するだけなので，内容は図5(b)のように1行だけのメッセージとします．

　favicon.icoは，図5(c)のように表示されるアイコンです．動作確認のためには必要ないのですが，ログにエラーが残らなように適当な画像ファイルを用意します．

（a）ディレクトリ構造と
作成したファイル

```
hello
```

（b）今回用意したindex.html
の内容（1行のみ）

（c）favicon.icoはWebページのシンボルとして使われる

図5　Webサーバ用に用意したディレクトリとファイル

④ Webサーバを起動する

Pythonには，簡易なWebサーバの機能が用意されています．

作成したドキュメントを格納したディレクトリに移動して，Webサーバを起動します．起動はコマンド・ラインから以下を入力します．

```
python3 -m http.server 8000 --cgi
```

起動すると，**図6**のようなログ・メッセージが表示されます．以降，Webブラウザからアクセスされるたびにログが表示されます．

図6　Webサーバの起動コマンド
Pythonに標準で用意された簡易Webサーバをポート8000で起動してログが表示されたところ

⑤ WebサーバのIPアドレスを確認する

WebブラウザからWebサーバにアクセスするために，WebサーバのIPアドレスを確認します．簡単に確認する方法を**図7**に示します．

- ラズパイの画面で，ネットワーク・アイコンにマウス・カーソルを合わせてしばらく待つと，**図7**(a)のようにIPアドレスが表示される

- コマンド・ラインからhostnameコマンドに-Iオプションを付けて実行すると，**図7**(b)のようにIPアドレスが表示される

他にもifconfigコマンドを使うなど，いくつかの方法があります．どれを使ってもかまいません．

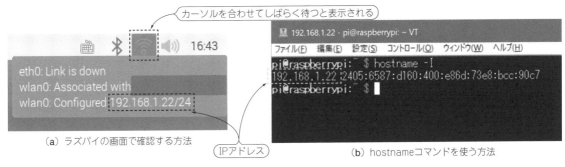

（a）ラズパイの画面で確認する方法　　（b）hostnameコマンドを使う方法

図7　WebサーバのIPアドレスを確認する
何通りか方法があり，どれを使ってもよい

⑥ Webブラウザからアクセスしてみる

Webブラウザからアクセスして表示を確認します.

まずはラズパイのWebブラウザで確認します. ラズパイの画面左上にある地球マーク(「インターネット」)からWebブラウザを起動して, **図7**で確認したIPアドレスとポート番号8000を組み合わせたURLを入力します. 例を以下に示します.

```
192.168.1.22:8000
```

するとWebブラウザには, **図8(a)**に示すindex.htmlの内容とfavicon.icoの画像が表示されます.

また, Webサーバを起動したコマンド・ラインの画面を見ると, **図8(b)**のようにログが追加で表示されます.

ラズパイのWebブラウザで確認ができたら, パソコンやスマートフォンのWebブラウザでも確認します.

ちなみに, スマートフォンで確認する際, Wi-FiをOFFにすると, エラーになります. これは**図4**で説明したように, 家庭内ネットワークにあるWebサーバにインターネットからアクセスできないためです.

(**a**) ブラウザ側の表示

(**b**) Webサーバ側のログ表示

図8 動作確認
ブラウザの表示とWebサーバのログから, 正常に動作していることがわかる

7 CGIを使って動的にデータを生成する

動的なコンテンツを作るために，リクエストに基づいてプログラムを実行します．プログラムの中で，ラズパイの機能を使用します．ここではCGI(Common Gateway Interface)というしくみを使ってプログラムを実行し，LEDの点灯，消灯を行います．これを応用すれば，ネットワーク上のクライアントからリクエストを受けて，さまざまな動作を行うことができます．

CGIは，Webサーバがプログラムを起動して動的にデータを生成するためのしくみです．起動されたプログラムの出力が，動的に生成されたデータとして扱われます．図9にCGIのイメージを示します．

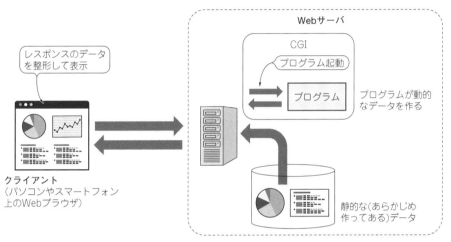

図9 CGIの動作イメージ
CGIとは，Webサーバがプログラムを起動して動的にデータを生成するためのしくみである

8 ディレクトリとファイルの構成

図5に示したディレクトリとファイルを元に，図10のような構成にします．実行するプログラムをURLで指定する必要があるので，webディレクトリの下にcgi-binディレクトリを作成して，そこにプログラムをまとめています．

LEDの点灯/消灯に使うHTMLファイルは，led.htmlというファイル名にします．内容を**リスト1**に示します．HTMLファイルとして，とくに変わったところはありません．HTMLファイル内に「LED点灯」と「LED消灯」のリンクがあり，これを選択すると，CGIによりURLで指定されたプログラムを実行します．

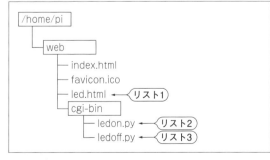

図10 ディレクトリとファイル
LED点灯/消灯のために，led.htmlファイルと，cgi-binディレクトリ下にledon.py，ledoff.pyファイルを用意した

リスト1　led.htmlの内容
通常のHTMLドキュメント. LEDの点灯/消灯を行うためのリンクを表示する

```
<!DOCTYPE html>
<html lang=ja>

 <head>
  <meta charset="utf-8">
  <title>LEDの点灯/消灯</title>
 </head>

 <body>
  <h1>LED 点灯/消灯</h1>
  <p><a href="/cgi-bin/ledon.py">LED点灯</a></p>
  <p><a href="/cgi-bin/ledoff.py">LED消灯</a></p>
 </body>

</html>
```

⑨ LED点灯/消灯のプログラムを作る

　LED点灯を選んだときにLED点灯プログラムledon.py(**リスト2**)が, LED消灯を選んだときにLED消灯プログラムledoff.py(**リスト3**)が起動されます. 内容が似ているので, LED点灯プログラム(**リスト2**)のほうを説明します.

● デバッグの助けとなるcgitbを利用する
　まず3行目で, cgitbというモジュールをインポートして, 5行目のenableで有効にしています.
　cgitbはCGIプログラムのデバッグを容易にする

ためのモジュールであり, 必須ではありません. しかし, CGIプログラムのデバッグは手間がかかり, cgitbがあるとデバッグを行いやすくなるので, 使うことをお勧めします.
　使い方は, この例のようにインポートしてenableするだけです. エラーが起こらなければ, 動作に影響はありません.

● LEDを点灯する
　8〜11行目では, LED点灯処理を行います. ここは,

リスト2　ledon.pyの内容
CGIプログラム. LEDの点灯を行ったあと, HTMLドキュメントを出力する

```
 1  #!/usr/bin/env python3
 2  import RPi.GPIO as GPIO
 3  import cgitb              ← デバッグを容易にするための機能
 4
 5  cgitb.enable()
 6  GPIONO = 23
 7
 8  GPIO.setmode(GPIO.BCM)
 9  GPIO.setwarnings(False)
10  GPIO.setup(GPIONO, GPIO.OUT)   ← LEDを点灯する
11  GPIO.output(GPIONO, GPIO.HIGH)
12  # GPIO.cleanup()          ← GPIOが初期化されるcleanupは呼び出さない
13
14  print("Content-Type: text/html")
15  print("")
16
17  print('<!DOCTYPE html>')
18  print('<html lang=ja>')
19  print('<head>')
20  print('<meta charset="utf-8">')
21  print('<title>LED点灯</title>')    ← LED点灯のHTMLドキュメントを出力する
22  print('</head>')
23  print('<body>')
24  print('<h1>LED点灯</h1>')
25  print('<a href="/led.html">戻る</a>')
26  print('</body>')
27  print('</html>')
```

リスト3　ledoff.pyの内容
CGIプログラム．LEDの消灯を行ったあと，HTMLドキュメントを出力する

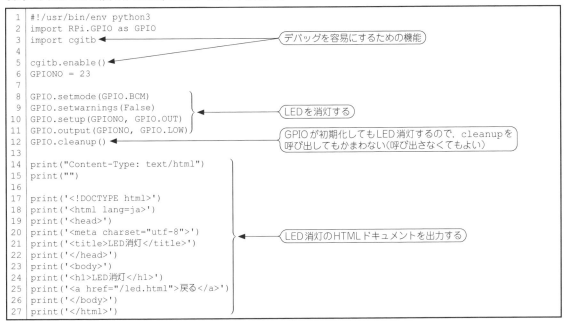

```python
#!/usr/bin/env python3
import RPi.GPIO as GPIO
import cgitb

cgitb.enable()
GPIONO = 23

GPIO.setmode(GPIO.BCM)
GPIO.setwarnings(False)
GPIO.setup(GPIONO, GPIO.OUT)
GPIO.output(GPIONO, GPIO.LOW)
GPIO.cleanup()

print("Content-Type: text/html")
print("")

print('<!DOCTYPE html>')
print('<html lang=ja>')
print('<head>')
print('<meta charset="utf-8">')
print('<title>LED消灯</title>')
print('</head>')
print('<body>')
print('<h1>LED消灯</h1>')
print('<a href="/led.html">戻る</a>')
print('</body>')
print('</html>')
```

第7章で説明した内容と同じです．

注意する点は，12行目のGPIO.cleanupを呼び出さない，というところです．この呼び出しを行うとGPIOが初期化されてしまい，LED点灯状態が解除されてしまいます．このプログラムではLEDを点灯させ続けたいので，cleanupは呼び出しません．

なお，リスト3のLED消灯プログラムでは，12行目でcleanupを呼び出しています．消灯時は呼び出しても呼び出さなくても，見た目は同じです．呼び出すとGPIOを初期化してLED消灯し，呼び出さないとGPIOの出力によりLED消灯になります．

● Content-Typeの出力

14行目以降では，動的にHTMLドキュメントを出力しています．14行目でContent-Type: text/htmlを出力していますが，CGIでは，このような配慮が必要になります．

例えばindex.htmlのような静的なドキュメントであれば，Webサーバはファイル名からHTMLファイルであることがわかります．Webサーバは，このファイルの種類から，Content-Type: text/htmlをWebブラウザに送信できます．

それに対してCGIプログラムは，ファイル名を見るとPythonプログラムであることはわかりますが，そのPythonプログラムがHTMLドキュメントを出力するのか，別の形式のデータを出力するのかはわかりません．つまり，WebサーバはContent-Typeの値を

Webブラウザに通知できません．

そこで，CGIプログラムからContent-Type: text/htmlを出力することにより，HTMLドキュメントであると通知します．

Content-Type: text/htmlの出力の次の15行目は空行の出力になっています．これは，HTMLドキュメント本体の始まりを示す区切りになっています．

● HTMLドキュメントの出力

17行目以降では，肝心のHTMLドキュメント本体を出力します．プログラムの行数は多いのですが，HTMLドキュメントとして変わったところはないと思います．

このプログラムでは定型のドキュメントを出力しています．これを，プログラム実行時の条件によってドキュメントの内容を動的に変更する，といったことも可能です．

⑩ Webブラウザからアクセスして LEDが点灯/消灯することを確認する

　それでは，クライアントのWebブラウザからのアクセスを実行して，動的なコンテンツ生成とLEDの点灯/消灯動作を確認します．

　Webブラウザから次のように，led.htmlを指定してアクセスします．

```
http://WebサーバのIPアドレス:8000/
led.html
```

　するとLED点灯，LED消灯のリンクを含むドキュメントが表示されます［**図11**(**a**)］.

　この画面でLED点灯を選ぶと**図11**(**b**)の表示になり，同時にLEDが点灯します．ここでリンクになっている「戻る」を選ぶと，**図11**(**a**)の表示に戻ります．

　一方，**図11**(**a**)でLED消灯を選ぶと**図11**(**c**)の表示になり，LEDが消灯します．これも，リンクになっている「戻る」を選ぶと，**図11**(**a**)の表示に戻ります．

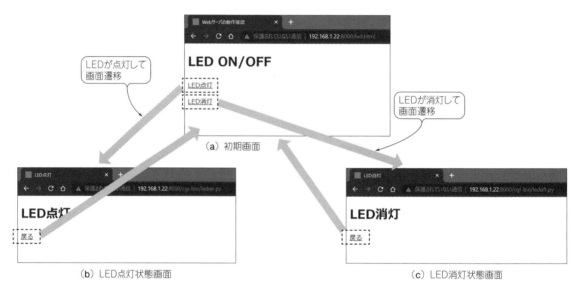

図11　LED点灯/消灯の画面遷移
(a)で「LED点灯」をクリックすると，LEDが点灯して(b)に遷移する．(a)で「LED消灯」をクリックすると，LEDが消灯して(c)に遷移する．(b)または(c)で「戻る」をクリックすると，LEDの状態は変わらず(a)に遷移する

11 WebサーバとCGIプログラムを実行しているときのラズパイ内部のイメージ

　WebサーバとCGIプログラムを実行しているとき，ラズパイ内部では**図12**のようなことが起こっています．

　Webブラウザからled.htmlにアクセスされると，Webサーバは静的データからled.htmlを読み出して表示します．この実体はmicroSDカードに格納されているので，ドライバ経由でmicroSDカードの読み出しになります．

　ここでLED点灯やLED消灯のリンクがクリックされると，Webサーバは対応するCGIプログラムを起動します．起動されたプログラムはGPIOを介してLEDを操作するとともに，動的に生成したデータをWebサーバに返します．

　Webサーバはプログラムから受け取ったデータをもとに応答をWebブラウザに返します．

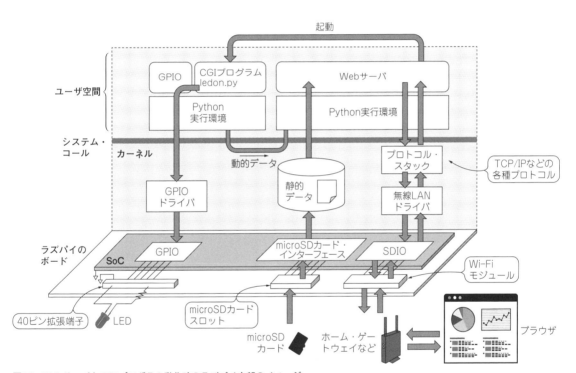

図12　WebサーバとCGIプログラム動作時のラズパイ内部のイメージ
WebサーバはCGIプログラムを起動して，動的データを受け取る

第5部

ラズパイの
実用的プログラミング

第18章　キー入力不要なプログラムは背後で動かしておく

その①…
バックグラウンド実行

永原 柊 Shu Nagahara

　ここまで，いろいろなプログラムを作っては，コマンド・ラインから起動してきました．

　特に，第14章の図7(**図1**として再掲)に示した例では，4つのターミナルを開いて8個のプログラムを実行していました．

　この例では，スイッチ入力と温度センサの測定値をもとに，LEDへのPWM出力と液晶表示器への表示を行っていて，キー入力が不要でした．

　このようにキー入力が不要な場合は，プログラムをバックグラウンドで実行することもできます．**図1**の例をバックグラウンドで実行すると，1つのターミナルで実行できます．

　本章では，プログラムをバックグラウンドで実行する方法について説明します．

図1　8個のプログラムを同時に実行する例(第14章の図7を再掲)
Pythonプログラムとteeコマンド，合計8個のプログラムを実行する．第14章では，4つのターミナルを使って4つのコマンド・ラインを実行していた

① 通常のプログラム実行とバックグラウンドでの実行の違い

● 普通に実行すると

　まず，普通に実行してみます．

　コマンド・ラインでsleep 5を実行すると，5秒間キー入力ができなくなり，5秒経過すれば次のコマンドを受け付けられる状態になります(**図2**)．

　また，sleep 5を実行中の5秒間に[Ctrl]+Cを入力すると，sleepコマンドの実行を中断できます．

● バックグラウンドで実行すると

　次に，バックグラウンドで実行します．

　sleep 5 &と「&」を付けて実行します．すると"[1] 1340"などという表示が出て，すぐに次のコマンドを入力できる状態になります［**図3(a)**］．

　表示されているものは，ジョブ番号とプロセス番号と呼ばれるものです．かっこ内の数字はジョブ番号(こ

の例では1)であり，その後の数字はプロセス番号(この例では1340)です．

このように，&を付けて実行するのが，バックグラウンドで実行する指示になります．

バックグラウンドでsleepコマンドを実行中に[Ctrl]＋Cを入力しても，何も起こりません．つまり，[Ctrl]＋Cではバックグラウンドでの実行を中断できません．

● バックグラウンドの実行が終了すると

バックグラウンドで実行した状態でも，普通に実行した場合と同様にプログラムは実行されます．

今回の例では5秒待つコマンドを実行しています．しかし，5秒以上待ってみても，見た目には何も起こりません．

5秒以上待った状態で［Enter］キーを入力すると，図3(b)の表示になり，バックグラウンドで実行していたプログラムが終了していることがわかります．この表示も，カッコ内はジョブ番号を表します．つまり，ジョブ番号1が終了した，ということです．

このように，表示が出るタイミングは遅れて見えるのですが，プログラムの実行自体は5秒で終了しています．ちなみに，［Enter］を押すまで表示が出ないのは，コマンド・ラインから入力している途中にこういうメッセージが出るとユーザが混乱してしまうので，それを避けるためだと思います．

● バックグラウンド実行中のプログラムはコマンド・ラインから直接操作できない

プログラムをバックグラウンドで実行中に[Ctrl]＋Cを入力しても，実行中のプログラムは中断しませんでした．

このように，「バックグラウンドでプログラムを実行する」とは，コマンド・ラインから直接操作できない状態でプログラムを実行することです．[Ctrl]＋Cで中断できないだけでなく，コマンド・ラインから入力を与えることもできません(ただし後述するkillコマンドは使える)．

バックグラウンド実行に対して，普通に実行することを「フォアグラウンドで実行する」，と言います．

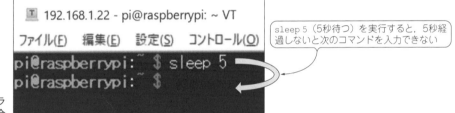

図2 コマンド(プログラム)を普通に実行した場合

sleep 5（5秒待つ）を実行すると，5秒経過しないと次のコマンドを入力できない

（a）バックグラウンドで実行するとすぐに次のコマンドを入力できる

コマンド・ラインの末尾に&を付けて実行すると，すぐに次のコマンドを入力可能になる

コマンドは入力できる状態にあるが，5秒以上が経過しても何も起こらない．［Enter］を押すと，終了したジョブ番号と実行したコマンドが表示される

図3 コマンドをバックグラウンドで実行した場合

（b）バックグラウンド実行は終了しても見た目にはわからない

2 バックグラウンド実行のようすを確認する

● **sleep**コマンドを使って長時間バックグラウンドで実行する

図4に示すように，バックグラウンド実行のようすを確認します．ゆっくり確認できるように，まずバックグラウンドで長い時間(例えば5分間)，sleepコマンドを実行します．その結果，図4の例ではジョブ番号1，プロセス番号1418が表示されました．プロセス番号は実行するたびに変わります．

● ジョブ番号で確認する

コマンド・ラインからjobsコマンドを実行すると，実行中のジョブ一覧が表示されます．

図4ではジョブが実行した1つだけあります．[1]の右側を見ると「実行中」となっています．またその右にはコマンド・ラインへの入力が表示されます．

ジョブ番号は，ターミナルごとに割り振られます．つまり，ターミナルを2つ開いて，それぞれでバックグラウンド実行すると，初めて実行する場合はどちらもジョブ番号が1になります．

● プロセス番号で確認する

ジョブ番号はターミナルごとでしたが，プロセス番号はラズパイ全体でユニークな番号になります．

プロセス番号で確認するには，psコマンドを使います．コマンド・ラインから次のように入力すると，一瞬で大量の表示が出ます(図4)．

```
ps aux
```

表示された各行が，実行中のプログラムです．

● 目的のプロセス番号を探す

ps auxコマンドで表示されたうち，左から2列目のPIDがプロセス番号です．プロセス番号1418も，一覧表示の中にあります．この行の右端を見ると，sleepコマンドを実行していることがわかります．

プロセス番号を指定して確認する方法には2つあります．

1つはプロセス番号を指定してpsコマンドを実行する方法です．次のように実行します．

```
ps u -p プロセス番号
```

もう1つはgrepコマンドを使って文字列検索を行う方法です．次のように入力すると，psコマンドを実行した結果の一覧から，プロセス番号を探します．

```
ps aux | grep プロセス番号
```

● 実は多数のプログラムを実行している

筆者がpsコマンドを(auxオプションを付けて)実行したとき，約160行の表示が出ました(設定や使い方で大きく変わる)．これは，その瞬間に約160個のプログラムを同時に実行していたことになります．

Raspberry Pi OSはマルチタスクOSで，複数のプログラムを同時に実行できます．しかし，複数のプログラムと言っても，160個もあるとは思わないかもしれませんね．

図4 バックグラウンド実行のようすを確認する
jobsコマンドでジョブの状態を，psコマンドでプロセスの状態を確認できる

③ バックグラウンド実行を終了させる

● killコマンドを使ってプログラムを止める

　バックグラウンドで実行したプログラムを止めたい場合，[Ctrl] +Cは効かないので別の方法が必要です．それにはkillコマンドを使います．

　killマンドでジョブ番号かプロセス番号を指定して，バックグラウンド実行しているジョブやプロセスを終了させられます（図5）.

● ジョブ番号を指定する場合

　ジョブ番号を指定してバックグラウンド実行を終了させるには，killコマンドの引き数で%に続けてジ

ョブ番号を指定します．図5(a)の例では，kill %1でジョブ番号1のジョブを終了させています．

```
kill %ジョブ番号
```

● プロセス番号を指定する場合

　プロセス番号を指定してバックグラウンド実行を終了させるには，killコマンドの引き数で，プロセス番号だけを指定します．図5(b)の例では，kill 1451でプロセス番号1451のプロセスを終了させています．

```
kill プロセス番号
```

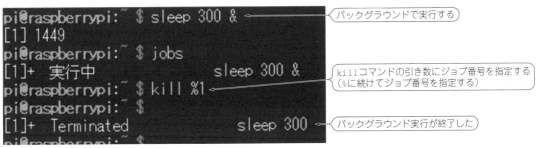

（a）ジョブ番号を指定する場合

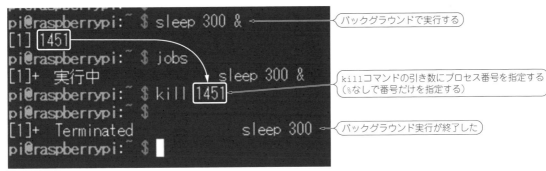

（b）プロセス番号を指定する場合

図5　killコマンドを使ってバックグラウンド実行を終了させる
[Ctrl] +Cは効かないので別の手段が必要

4 8個のプログラムをバックグラウンドで実行してみる

● コマンド・ラインから実行する

図1の8個のプログラムをバックグラウンドで実行してみます．4つのターミナルでコマンド・ラインから入力したものを順番に入力します．

```
lcd.py < /tmp/lcd &
pwm.py < /tmp/pwm &
swin.py | sw2pwm.py | tee /tmp/pwm
| str2lcd.py "1:PWM" > /tmp/lcd &
spitemp.py | str2lcd.py "2:t=" > /
tmp/lcd &
```

実行後にpsコマンドとjobsコマンドを実行したようすを**図6**に示します．4つのジョブ，8個のプロセスがバックグラウンドで実行されています．

● シェル・スクリプトにする

長いコマンド・ラインの入力はたいへんなので，**リスト1**のようにシェル・スクリプトにしました．FIFO(名前付きパイプ)の作成もシェル・スクリプト内で行います．FIFOは，もし存在しなければ作る，という判断が必要です．**リスト1**に示すように-pで判断します．-pはパイプの意味で，指定した(名前付き)パイプがあれば真になります．

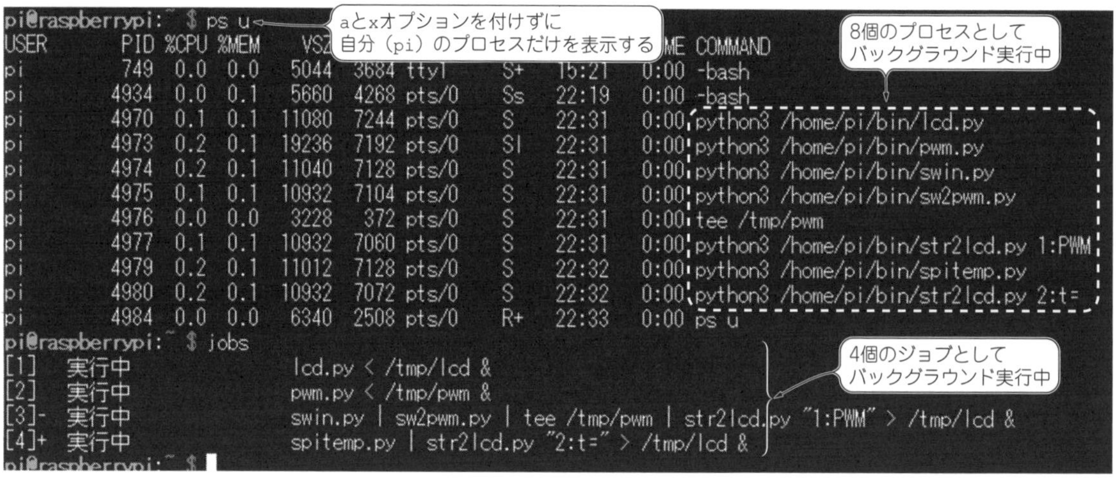

図6 図1に示す8個のプログラムをバックグラウンド実行した際のジョブとプロセス
4行のコマンド・ラインがそれぞれジョブになり，8個のプログラムがそれぞれプロセスになっている

```
#!/bin/sh

LCD_FIFO=/tmp/lcd
PWM_FIFO=/tmp/pwm

if ! [ -p ${LCD_FIFO} ]
then
        mkfifo ${LCD_FIFO}
        sleep 0.5
fi

if ! [ -p ${PWM_FIFO} ]
then
        mkfifo ${PWM_FIFO}
        sleep 0.5
fi

lcd.py < ${LCD_FIFO} &
pwm.py < ${PWM_FIFO} &
sleep 1

swin.py | sw2pwm.py | tee ${PWM_FIFO} | str2lcd.py "1:PWM" > ${LCD_FIFO} &
spitemp.py | str2lcd.py "2:t=" > ${LCD_FIFO} &
```

指定したFIFOがなければ真（-pで判定する）

FIFOを作成する

コマンド・ラインからの入力と同じ内容

念のために少し待つ

リスト1 図1に示す8個のプログラムをバックグラウンド実行するシェル・スクリプト
FIFOの作成も行っている

第19章 センシングや送信などでよく使う

その②…定期実行

永原 柊 Shu Nagahara

　作ったプログラムによっては，定期的に実行したいこともあると思います．

　本章では，温度センサの測定値をクラウドに送信するプログラムを定期的に実行してみます．

1 一定間隔で実行するプログラムは比較的簡単に作れる

　第16章のネットワーク機能を使った実験では，**図1**のようにして温度を測定してAmbientに送信していました．この例では，spitemp.pyプログラムが定期的に温度を測定して出力し，それをトリガに残りのプログラムが動作しています．

　spitemp.pyプログラムは，もともと1秒ごとに温度を測定していました．それを第16章では，Ambientの仕様に対応するために，60秒ごとに温度を測定す

るようにプログラムを書き換えました．

　このように，「一定間隔で定期的に実行するプログラム」であれば，比較的容易に作ることができます．

　定期的に実行するプログラムといっても，毎時0分ちょうどに実行するとか，火曜日の6時に実行するとか，条件が複雑になるとプログラムを作るのが難しくなります．

図1　作成したプログラムの構成（第16章の図6を再掲）

温度測定プログラム　spitemp.py　例：36.5　→　先頭へデータの種別を付加　str2lcd.py　例：d1:36.5　→　Ambient送信プログラム　sendambi.py

② 時刻や曜日を指定して定期的に実行するなら，ラズパイの標準機能cronを使う

　ラズパイには標準で，プログラムを定期的に実行するcronという機能が用意されています．**図2**のように，crontabという設定ファイルに実行する条件と実行するプログラムを指定するだけで，指定したプログラム を定期的に実行できます．

　そこで指定するプログラムは，spitemp.pyのように繰り返し実行するのではなく，1回実行したら終了するプログラムにします．

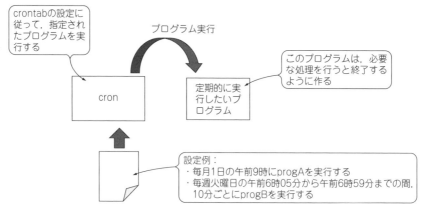

図2　cronがcrontabの指定どおりにプログラムを定期的に実行する

③ 実行するプログラムを作成する

　簡単に動作確認できるように，cronから起動されるプログラムを作ります．**リスト1**は，LEDを1秒点灯したあと消灯するプログラムです．

　GPIOの事前準備を行って，LEDを点灯して1秒待ち，LEDを消灯して，GPIOの後始末をする，それぞれのシェル・スクリプトを呼び出します．繰り返し行う処理はなく，最初から最後まで1度実行すれば終了する，ごく単純なプログラムです．

　crontest.shというファイル名にしました．chmod +x crontest.shで，実行可能にし，コマンド・ラインから起動して，動作を確認します．

　あらかじめお断りしておくと，このプログラムはコ

リスト1　cron動作確認用プログラム（crontest.sh）
LEDを1秒点灯して消灯するプログラム．コマンド・ラインから実行すると動作を確認できる

```
#!/bin/sh
ledinit2.sh
ledon.sh
sleep 1
ledoff.sh
leddeinit.sh
```

マンド・ラインから起動すると動作しますが，cronから起動するとエラーになります．ここまで単純なプログラムがエラーになるのは不思議かもしれません．その理由と対策はあとで説明します．

④ 設定ファイルcrontabをエディタで編集する

● 設定ファイルの編集にcrontab専用コマンドを使う

では，crontabを編集して定期起動の設定をします．

設定ファイルcrontabを直接開いて編集することは推奨されていません．専用のcrontabコマンドが用意されています．設定ファイルとコマンドが同じ名前です．

コマンド・ラインから次のように操作すると，編集を行えます．

```
crontab -e
```

初回起動時は編集に使うエディタを質問されます．得意なエディタがなければ，nanoエディタをお勧めします．

設定ファイルcrontabをエディタで開いた状態を図3に示します．

初期状態では，書いてある内容すべてがコメントです．設定の書式や設定例が書いてあります．

表1 crontabコマンドのオプション

オプション	操作内容
-e	設定ファイルcrontabを編集する
-l	設定ファイルcrontabの内容を表示する
-i	設定ファイルcrontabを消去する場合に確認する（-rオプションと併用する）
-r	設定ファイルcrontabを消去する

● crontabコマンドの操作ミスに注意

crontabコマンドは，名前が紛らわしいだけでなく，操作にも注意が必要です．

crontabコマンドのオプションを表1に示します．キーボード上で隣り合わせの-eと-rを間違わないように注意してください．

-iオプションを付けない限り，-rオプションは確認なく設定を消去します．

図3 crontab -eで設定ファイルを開いたところ
いろいろ表示されるが，#で始まっている行はすべてコメントである．コメントをすべて消して設定を書いてもよいし，コメントを残したまま設定を書いてもよい

5 指定したプログラムを毎分起動するように設定して実行する

● 定期的に実行したい時間を設定する

まずは，1分ごとにcrontest.shを起動します．crontabファイルに図4のように記入します．指定したプログラムを毎分起動するようになります．

設定の意味を説明します．1〜5個目の項目は，起動する頻度や時刻を指定します．左から，分，時(24時間制)，日，月，曜日(0〜7で0か7なら日曜日，あるいはsun, mon, tueなど)です．*は「指定しない」ことを表します．また，分の場所に*/1を指定すると，毎分(1分に1回)起動するようになります．*/2にすると，2分に1回起動するようになります．

行の最後にある項目が，起動するプログラムです．プログラムはルート・ディレクトリからの絶対パスで指定します．

crontabは，設定の仕方によっては，複雑なパターンの定期実行を指定できます．参考までに，crontabの条件設定例を表2に示します．

● crontabは秒単位では指定できない

定期実行間隔は，最短でも分単位までしか指定できません．

cronは，毎分，全ユーザのcrontabを参照してプログラムを起動していきます．多数のプログラムを起動する場合や，実行に時間がかかるプログラムを起動する場合などもあり，各プログラムが1分間のうち何秒目に起動されるか厳密にはわかりません．

もし，起動する時刻を秒単位で正確に指定する必要があるのなら，cronは適していません．

● 指定したプログラムを実行する

ラズパイ起動中はcronが動作しています．その状態で設定ファイルcrontabを編集すると，その設定はすぐに有効になります．

もしすべて正しく準備できていれば，crontabの編集を終えて保存するだけで，1分に1回，1秒間，LEDが点灯するはずです(ただし，今回は意図的に，正しく動作しないようにしている)．

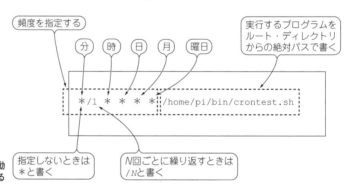

図4 毎分crontest.shを起動するようにcrontabを設定する

表2 crontabの条件設定例
複雑な条件も設定できる

設定する内容	コマンド記述
毎分実行	* * * * * プログラム名 または */1 * * * * プログラム名
3分ごとに実行	*/3 * * * * プログラム名
毎時0分に実行	0 * * * * プログラム名
火曜日と土曜日の朝6時00分に実行	0 6 * * 2,6 プログラム名 または 0 6 * * tue,sat プログラム名
毎月1日の午前9時15分に実行	15 9 1 * * プログラム名
毎月1日の午前9時台に，毎分実行	* 9 1 * * プログラム名
毎月1, 3, 7日の午前9時15分に実行	15 9 1,3,7 * * プログラム名
毎月1〜7日の午前9時15分に実行	15 9 1-7 * * プログラム名
金曜日の午後6時05分から59分までの間，10分ごとに実行	5-59/10 18 * * 5 プログラム名 または 5-59/10 18 * * fri プログラム名

⑥ 実行したプログラムが動作しないとき

コマンド・ラインからプログラムを実行した場合，エラーが起これば，実行したプログラムからエラー・メッセージが出ます．しかし，cronから起動すると，エラー・メッセージは表示されず，何が問題なのかわかりません．

そこで，実行するプログラムが出すエラー・メッセージを自力で記録します．

● エラー・メッセージを保存する

設定ファイルcrontabの内容を，**リスト2**のように書き換えます．

`crontest.sh > /tmp/crontest.log` の部分は，プログラムcrontest.shの出力を，ファイルに書き込むことを意味します．行の最後にある2>&1については，後で説明します．

とにかく，このように記述すれば，crontest.shが出力するすべてのメッセージは，/tmp/crontest.logファイルに書き込まれます．

● エラー・メッセージを確認する

設定ファイルcrontabを再度保存してしばらく待つと，エラー・メッセージがファイルに書き込まれます．内容を確認すると，**図5**のようになっています．

エラー・メッセージの not found は，crontest.shから起動するledon.shなどのプログラムが見つからない，ということです．

コマンド・ラインからcrontest.shプログラムを起動すると正しく動作するので，ledon.shなどのプログラムは存在します．結論から言うと，これはプログラムの有無を探す場所が間違っている，ということです．

リスト1ではledon.shなどのプログラムがどこにあるか明示していません．コマンド・ラインから起動するときは，シェルがホーム・ディレクトリ下のbinディレクトリの中からプログラムを見つけるのですが，cronはその場所を探しません．

そこで，/home/pi/bin/ledon.shのように，ルート・ディレクトリからの絶対パスを指定して，プログラムがどこにあるかcronにもわかるようにします．**リスト1**をそのように変更したものを，**リスト3**に示します．

● 再度動作確認する

crontest.shを**リスト3**のように書き換えてしばらく待つと，crontest.shが起動されてLEDが点灯します．

また，エラー・メッセージを格納したファイル/tmp/crontest.logの内容を見てみると，エラーが出なくなったので内容がクリアされています．`crontest.sh > /tmp/crontest.log`のように書くと，crontest.shプログラムを実行するたびにcrontest.logファイルの内容が上書きされるからです．

リスト3 cron動作確認用プログラムの修正版(crontest.sh)
起動するプログラムをルート・ディレクトリからの絶対パスで指定している．リスト1から変更したのはそれだけである

```
#!/bin/sh
/home/pi/bin/ledinit2.sh
/home/pi/bin/ledon.sh
sleep 1
/home/pi/bin/ledoff.sh
/home/pi/bin/leddeinit.sh
```

リスト2 crontabの内容を書き換えた
crontest.shの出力(標準出力と標準エラー出力)に出されたメッセージを，まとめてcrontest.log ファイルに保存する記述．cronを使って正しく動作しないときは，このようにしてエラー・メッセージを確認する

```
*/1 * * * * /home/pi/bin/crontest.sh > /tmp/crontest.log 2>&1
```

図5 エラーの表示例
ledon.shなどが見つからないというエラーが出ている．コマンド・ラインからcrontest.shを実行すると動作するので，ledon.shなどは存在するはず

```
/home/pi/bin/crontest.sh: 2: /home/pi/bin/crontest.sh: ledinit2.sh: not found
/home/pi/bin/crontest.sh: 3: /home/pi/bin/crontest.sh: ledon.sh: not found
/home/pi/bin/crontest.sh: 5: /home/pi/bin/crontest.sh: ledoff.sh: not found
/home/pi/bin/crontest.sh: 6: /home/pi/bin/crontest.sh: leddeinit.sh: not found
```

7 起動時に自動的にプログラムを実行する

IoT機器など，どこかに設置する機器にラズパイを使って運用する場合を考えると，いちいちログインしてコマンドを実行するのは現実的ではありません．特に機器の数が増えると管理が大変です．

また，定期的に再起動したほうが安定して動作する，というのも経験的に正しいと思います．その際に，再起動時に自動的にプログラムを実行できると，管理が楽になります．

● 実現方法

ラズパイで，起動時にプログラムを実行する方法は，何通りも用意されています．ここでは，そのうちcronを使う方法について紹介します．cronは定期実行だけでなく，起動時の実行にも対応しています．

その確認に入る前に，crontabに対する先ほどの設定を消去します．次のコマンドで消去できます．

```
crontab -r
```

● 設定方法

crontabファイルに，@rebootと書けば，起動時に実行するようにできます．記述例を図6に示します．

@reboot以外にも，@から始める指定で起動の頻度を設定する方法もあります（表3）．こちらの記述のほうが，直感的にわかりやすくなります．@reboot以外は，図4に示した日時指定の方式でも設定できるものばかりです．

● 実行してみる

図6のように設定して，ラズパイを再起動します．このとき，ずいぶん早くLEDが点灯したことに気づいたかもしれません．私が試したときは，いつものデスクトップ画面が出るより前に，LEDが点灯しました．

● プログラムによっては対策が必要になるかも

これは，もしかすると問題になるかもしれません．

cronは，ラズパイ起動時の途中で実行開始されます．つまり，まだラズパイ全体が完全には起動していない状態でcronは実行を開始します．

一方，cronは動き始めるとすぐに@rebootの指定を実行しようとします．今回のcrontest.shも，ラズパイ全体が完全に起動する前に動き始めています．今回のcrontest.shは問題ないようでしたが，プログラムによっては依存する機能を先に動かしておく必要があるかもしれません．

もしそれが問題になるようなら，1つの解決策として，少し（1～2分程度）時間待ちをするプログラムを間に入れる，ということが考えられます．

つまり，cronから実行したいプログラムを直接起動するのではなく，cronは時間待ちをするプログラムを起動して，その起動したプログラムが時間待ちをした後，本来実行したかったプログラムを起動する，という流れです．時間待ちをしている間に，ラズパイが完全に起動するだろう，という発想です．

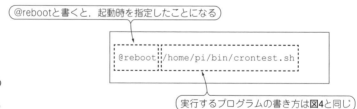

@rebootと書くと，起動時を指定したことになる

```
@reboot /home/pi/bin/crontest.sh
```

実行するプログラムの書き方は図4と同じ

図6 起動時に実行する場合の
crontabの設定
@rebootという特別な設定を行う

表3 crontabで日時の代わりに設定できる値とその意味
@reboot以外は@…を使わなくても等価な設定が可能だが，@…の値で指定したほうが，設定の意味がわかりやすくなる

指定する値	意　味	等価な設定
@reboot	起動時	日時では指定できない
@yearly @annually	1年に一度（1月1日0時0分）	0 0 1 1 *
@monthly	1ヶ月に一度（毎月1日の0時0分）	0 0 1 * *
@weekly	1週間に一度（日曜日の0時0分）	0 0 * * 0
@daily @midnight	1日に一度（0時0分）	0 0 * * *
@hourly	1時間に一度（0分）	0 * * * *

column 01 標準出力と標準エラー出力をまとめて 1つのファイルに書き込む方法

永原 柊

ラズパイで動くプログラムには，標準入力と標準出力のほかに標準エラー出力があります［**図A(a)**］．プログラムを実行したとき，通常の出力は標準出力に出ますが，エラーが発生した場合など，通常ではない出力は標準エラー出力に出ます．

コマンド・ラインからprogA.sh > logAのように実行した場合，プログラムprogAの出力はlogAファイルに保存されます．もし実行時にエラーが発生すると，そのエラー・メッセージは画面に表示されます．これは，標準エラー出力がデフォルトでは画面に接続されているためです［**図A(b)**］．

Raspberry Pi OSでは，標準入力が0，標準出力が1，標準エラー出力が2，というように番号が割り当てられています（ファイル・ディスクリプタと呼ばれる）．この番号を次のように使うと，標準出力（1番）と標準エラー出力（2番）をそれぞれファイルlogAとlogBに出力できます．

```
progA 1>logA 2>logB
```

普通にprogA > logAと書いたとき，この「>」は「1>」の1が省略されたものと見なせます．

リスト2でcrontabに書いた2>&1は，標準エラー出力（2番）に出すメッセージを標準出力（1番）にまとめて，標準出力から出すよう変更する，という指示です．これで，標準出力と標準エラー出力をまとめて1つのファイルに書き込めます［**図A(c)**］．

コマンド・ラインでも同じ書き方ができます．

(a) 各プログラムには標準出力のほかに標準エラー出力がある

(b) progA.sh > logAを実行したとき，標準出力はlogAファイルにつながるが，標準エラー出力はデフォルトの画面につながったまま

(c) progA.sh > logA 2>&1を実行すると，標準エラー出力が標準出力に合流して，標準出力としてlogAファイルに書き込まれる

図A 標準出力と標準エラー出力
各プログラムには2つ出力がある．デフォルトではどちらも画面につながり，混在して表示されるので，画面上ではどちらの出力から出たのか区別できない

column 02 デバッグ・メッセージを表示しない方法

永原 柊

標準エラー出力は，エラー・メッセージだけでなく，デバッグ・メッセージの出力にも使えます．

シェル・スクリプトでメッセージを標準エラー出力に出すには，echoコマンドを使って次のように書きます．

```
echo "hello, world" 1>&2
```

echoコマンドは標準出力にメッセージを出力します．1>&2はこの標準出力を標準エラー出力にまとめて出すことを意味します．その結果，echoコマンドの出力は標準エラー出力に出ます．

デバッグが終了したプログラムの場合，デバッグ・メッセージは邪魔になるかもしれません．そういう場合，cronのように，標準エラー出力を出さないことが可能です．次のように，標準エラー出力の出力先として/dev/nullを指定すると，標準出力はlogAに書き込まれますが，標準エラー出力は残らずに消えてしまいます．

```
progA 1>logA 2>/dev/null
```

ただしこの指定を行うと，標準エラー出力の内容すべてが捨てられ，重要なエラー・メッセージなども消えてしまいます．十分安定したプログラムで使うなど，使い方には注意が必要です．

その③…
運用に不可欠な権限の管理

永原 柊 Shu Nagahara

これまでの章では，GPIO，カメラ，ネットワーク，バックグラウンド実行や定期実行など，できることを増やしてきました．

逆に，本章ではできることを制限する機能について説明します．

できることを積極的に制限したいとは思わないかもしれません．しかし，誤操作防止や開発するシステムの安全な運用に必要な機能です．また，開発中になぜかエラーになる，という現象が起こったとき，この制限が原因かもしれません．

① ファイルを実行可能なように許可を与えるパーミッション

パーミッション（許可を与えること．具体的には，ファイルやディレクトリに対して設定するアクセス権限を指す）については，すでに出てきました（第4章参照）．

シェル・スクリプトのファイルを実行可能にするために，chmod +xを実行しました．これがパーミッションを変える操作の一例です．この操作では，このシェル・スクリプトのファイルに「誰でも実行してよい」という許可を与えています．

ここではパーミッションについて，もう少し詳しく説明します．

● なぜパーミッションが必要なのか

まず，何のためにパーミッションがあるのかを説明します．

Raspberry Pi OSは，Linuxという汎用OSをベースに開発されています．Linuxは，1つのコンピュータを複数のユーザが共有できるOS（マルチユーザOS）

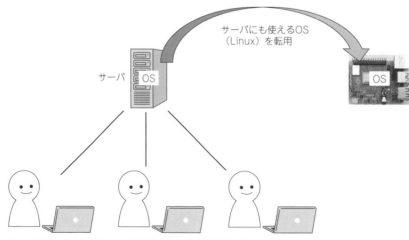

サーバにも使えるOS
（Linux）を転用

サーバ OS

OS

図1 ラズパイのOSはサーバにも使われるOSを転用して作られている
1台のコンピュータを複数のユーザで共有できる

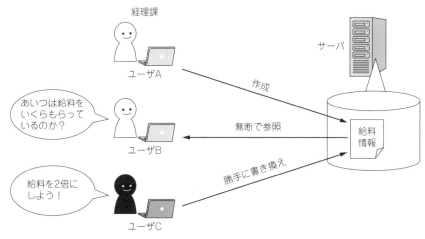

図2 パーミッション(アクセス権限)の設定が必要
サーバ上のファイルにだれでもアクセスできる状況だと,望ましくないことが起こる可能性がある

です(**図1**).Raspberry Pi OSも,複数のユーザがコンピュータを共有できるように作られています.

　マルチユーザ環境では,各ユーザが正しく振る舞えばよいのですが,うっかりミスをするユーザや,悪意を持っているユーザがいるかもしれません.例えば,ユーザA(経理課)が作成したファイル(給料情報)の内容を,ユーザBが無断で参照する,ユーザCが勝手に書き換える,といったことは望ましくない状況です(**図2**).

　このような状況を防ぐために,Raspberry Pi OS(およびLinux)にはパーミッションが用意されています.「ユーザAが作成したファイルに対して,読み書きで
きるのはユーザAだけ」というパーミッションを設定しておけば,**図2**のような状況は防げます.

　パーミッションの設定により,ユーザBやユーザCがユーザAのファイルに一切アクセスできないようにすることも,逆にすべての制約をなくして,どのユーザでもユーザAのファイルを自由に操作可能にすることもできます.

　正直なところ,1つのラズパイを複数ユーザで共有して使う用途は,あまりないかもしれません.しかし,ファイルを実行するためにパーミッション設定が必要なこともあります.

② ファイルのパーミッションの確認方法

　パーミッションにはファイルとディレクトリで異なる点があります.まずはファイルについて説明します.

● lsコマンドに -lオプションを付けて実行する
　ユーザpiのホームディレクトリ下にtestディレクトリを作り,そこに次の3つのファイルがあったとします.
・fileA:どのユーザでも読めて,ユーザpiだけが書き込み可能
・fileB:ユーザpiだけが読み書き可能
・fileC:誰でも読み書き可能
　このディレクトリでlsコマンドに -lオプションを付けて実行すると,**図3**のように表示されます.この表示のr, w, -などがパーミッションを表します.
　また,その右側にpiという文字列が2回出てきます.

左側が所有者,右側が所属グループです.
　つまり,この3つのファイルの所有者はユーザpiで,所属グループはグループpi,ということになります.

● ファイルのパーミッションの読み方
　パーミッションの読み方を**図4**に示します.表示される文字列のうち左端が種別で,その右側に3文字ずつ所有者,所属グループに属するユーザ,その他のユーザのパーミッションが表示されています.

▶fileAの場合
　fileAのパーミッションは,-rw-r--r--となっています.これは,次のことを表します.
・種別(-):ファイル
・所有者のパーミッション(rw-):読み書き可能

165

・所属グループのユーザのパーミッション(r--)：読み出し可能で書き込み不可能
・その他のユーザのパーミッション(r--)：読み出し可能で書き込み不可能
・パーミッションにxが付いているユーザがいないので，どのユーザも実行不可能

▶fileBの場合

fileBのパーミッションは，-rw-------となっています．これは，次のことを表します．

・種別(-)：ファイル
・所有者のパーミッション(rw-)：読み書き可能
・所属グループのユーザのパーミッション(---)：読み書き不可能
・その他のユーザのパーミッション(---)：読み書き

不可能
・パーミッションにxが付いているユーザがいないので，どのユーザも実行不可能

▶fileCの場合，

fileCのパーミッションは，-rw-rw-rw-となっています．これは，次のことを表します．

・種別(-)：ファイル
・所有者のパーミッション(rw-)：読み書き可能
・所属グループのユーザのパーミッション(rw-)：読み書き可能
・その他のユーザのパーミッション(rw-)：読み書き可能
・パーミッションにxが付いているユーザがいないので，どのユーザも実行不可能

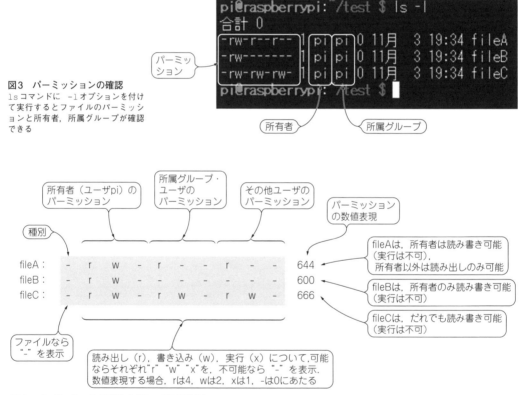

図3 パーミッションの確認
lsコマンドに -lオプションを付けて実行するとファイルのパーミッションと所有者，所属グループが確認できる

図4 パーミッションの読み方(ファイルの場合)
ファイルの場合は左端の記号が-となる．後は，所有者，所属グループのユーザ，その他のユーザのそれぞれについて，rwx -で許可されている権限を表す

③ ファイルのパーミッションのチェックのしくみ

ラズパイがパーミッションをチェックするしくみを図5に示します.

例えばファイル内容をcatコマンドで表示したい場合,catコマンドはファイルを読み出すためにopenシステム・コールやreadシステム・コールを呼び出します.

システム・コールは,まずパーミッションをチェッ

クして,操作を行ってよいかどうか確認します.

もしcatコマンドを実行したユーザに読み出しのパーミッションがなければ,システム・コールは失敗します.

このように,いったんパーミッションを設定すると,その確認はラズパイ内部で自動的に行われます.

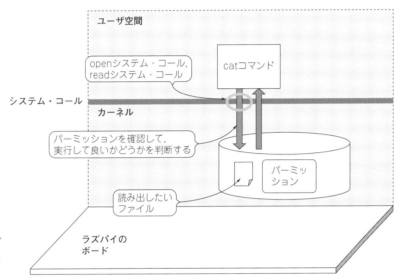

図5 パーミッションの確認
ファイル操作を行うシステム・コールが呼び出されたとき,カーネル内で,その操作を行って良いかパーミッションの確認が実施される

④ パーミッションの変更にはchmodコマンドを使う

すでに,シェル・スクリプトのファイルを実行可能にするために,chmod +xを使ってきました.

このように,パーミッションを追加したい場合は+で指定します.逆に,パーミッションを取り消したい場合は–で指定します.

● パーミッションの数値表現

パーミッションをrwxで表現してきましたが,数値で表現することもできます.

rwxのrを4,wを2,xを1,-を0と読み替えて,足し算します.例えば,r--は4(4+0+0),rw-は6(4+2+0),rwxは7(4+2+1)といった具合です.

これを所有者,グループ,その他のユーザのパーミッションに対して行い,3桁の数値で表します.図4の例でいうと,fileAは644,fileBは600,fileCは666になります.

この数値をchmodコマンドで使えます.

例えばパーミッションrw-r--r--のfileAを誰でも実行可能にしたい場合,設定したいパーミッションはrwxr-xr-xです.これを数値で表すと755になります.chmodコマンドで数値で指定する場合,次のように実行します.

```
chmod 755 fileA
```

● パーミッションを変更できるのは所有者かスーパユーザ（管理者）のみ

chmodコマンドでパーミッションを操作できることはわかりましたが，誰でもできるのでしょうか．例えば，fileAに書き込むパーミッションのないユーザが，自分でも書き込めるようにchmodコマンドでパーミッションを操作できたとすると，誰でも何でもで

きてしまい保護になりません．

chmodコマンドを使えるのは，対象のファイルなどの所有者か，後で出てくるスーパユーザ（管理者）だけです．この例の場合，fileAのパーミッションを変更できるのは，fileAの所有者であるpiか，スーパユーザ（root）です．

⑤ ディレクトリのパーミッションの確認方法

ディレクトリのパーミッションはファイルの場合とrwxの意味が異なります．また，左端の文字がファイルの-ではなく，dになります．

- r：ディレクトリ内にあるファイル等の一覧を読み出せる
- w：ディレクトリ内でファイル等を作成，削除，名前変更できる
- x：ディレクトリ内に移動できる

ディレクトリのパーミッションの読み方を**図6**に示します．

● ファイルの削除のパーミッション

ファイルを読み書きするパーミッションについては

すでに説明しました．しかし，ファイルの削除に関係するパーミッションは別にあります．具体的には，そのファイルが格納されたディレクトリに書き込むパーミッションがあれば，そのファイルを削除できます．

例えば，ディレクトリtestの下にファイルfileAがあり，あるユーザはfileAのパーミッションwがなかったとします．するとそのユーザはfileAを書き換えられません．しかし，もしそのユーザにディレクトリtestのパーミションwがあれば，fileAを削除できます．

このように，ファイルの削除のパーミッションは，ファイル自体にはないことに注意が必要です．

同様に，ファイルの名前変更も，ディレクトリにパーミッションwがあれば実行できます．

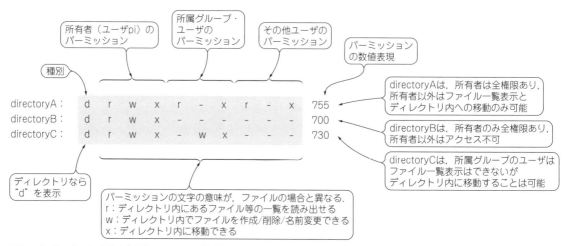

図6　パーミッションの読み方（ディレクトリの場合）
ディレクトリの場合は左端の記号がdとなる．後は，所有者，所属グループのユーザ，その他のユーザのそれぞれについて，rwx -で許可されている権限を表す．r, w, xの意味がファイルの場合とは異なることに注意

6 chmodコマンドでパーミッションを変更できるスーパユーザ

chmodコマンドでパーミッションを変更できるのは，所有者かスーパユーザ(管理者)です．

chmodコマンドに限らず，ラズパイを運用するために管理者となるユーザが用意されています．そのユーザは，スーパユーザ，特権ユーザ，rootユーザなどと呼ばれます．rootとは，スーパユーザのデフォルトのユーザ名です．

スーパユーザに対して，それ以外のユーザは一般ユーザなどと呼ばれます．

● スーパユーザにできること

スーパユーザは，基本的に何でもできます．例えば次のようなことができます．

- ・ユーザの新規登録，削除，パスワード変更
- ・パーミッション変更
- ・パーミッションを無視したファイル操作やディレクトリ操作
- ・OSへの機能追加，削除，設定変更

・ディスクのフォーマット

● スーパユーザには権限が与えられすぎでは？

スーパユーザには強い権限が与えられています．パーミッションなどによる保護は働きません．必ず正しい操作を行う必要があります．勘違いなどで誤操作すると，取り返しのつかないことになります．

そこで，管理者であってもふだんは一般ユーザとして活動し，強い権限が必要なときだけ一瞬スーパユーザになる，というように運用されます．

一瞬スーパユーザになるには，sudoコマンドを使います．コマンド・ラインから次のように操作すると，sudoコマンドの引き数で指定したコマンドを，スーパユーザの権限で実行できます．

sudo スーパユーザとして実行したいコマンド

そのコマンドの実行が終われば，一般ユーザの権限に戻ります．

7 ラズパイは特別な設定になっている

sudoコマンドはスーパユーザとして実行できるので，一般的にはsudoコマンドを使えるユーザは限られています．一方，ラズパイでsudoコマンドを使ってみると，すんなり実行できてしまいます．

さらに言うと，実は本書でこれまで行ってきたことの大半は，ラズパイ以外のコンピュータであれば，スーパユーザしか実行できないことです．

● GPIO操作を例に見てみる

例えば，GPIOの操作を行うために，exportファイルにGPIO番号を書き込みました．このように，ハードウェアの操作につながるコマンドは，通常はスーパユーザしか実行できません．この操作を行うには，sudoコマンドを使ってスーパユーザの権限で実行するはずです．

しかし，本書ではsudoコマンドを使ってきませんでした．それでも問題なくGPIOを操作できました．GPIOに限らず，I²CやSPIなども同様です．

これは，ラズパイのユーザpiが特別な設定になっているからです．

● gpioグループへの所属

図7(a)に，exportファイルのパーミッションを示します．-rwxrwx---になっています．所有者はroot(スーパユーザ)，所属グループはgpioです．

本書では，ユーザpiを使っています．piは一般ユーザです．このファイルについて一般ユーザのパーミッションは---なので，exportファイルに書き込めないように思えます．

そこで，ユーザpiの情報を，idコマンドを使って確認します．このコマンドは，ユーザのIDと所属グループを表示できます．

グループをよく見ると，997(gpio)があります．これは，ユーザpiがgpioグループに所属していることを示します．997はgpioのIDなので，数字は気にしなくてよいです．

ユーザpiがgpioグループに所属するということは，所属グループのパーミッションrwxに該当します．

もしユーザpiがgpioグループに所属しない単なる一般ユーザなら，exportファイルに書き込むためのパーミッションがありません．GPIOの操作を行うた

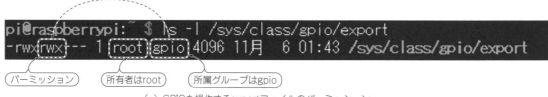

（a）GPIOを操作するexportファイルのパーミッション
（所有者またはgpioグループに所属するユーザは読み書き可能）

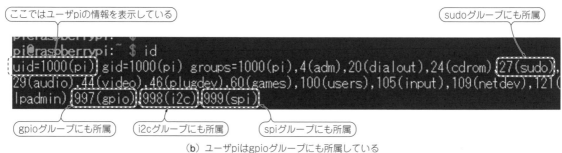

（b）ユーザpiはgpioグループにも所属している

図7　ラズパイでユーザpiがGPIOを自由に操作できる理由
piユーザはgpioグループに所属することで，スーパユーザの権限がなくてもGPIOを操作できる

めには，sudoコマンドを使ってスーパユーザの権限でパーミッションを無視して無理矢理書き込む必要があります．

しかし，このようにgpioグループに所属していることから，exportファイルにすんなり書き込むことができます．

また，図7（b）の最後のほうを見ると，998（i2c）や999（spi）があります．gpioと同様に，I²CやSPIもGPIOと同様に自由に使えるようになっています．

● **sudoコマンドを自由に使える理由**

sudoコマンドは，強力な権限が与えられるコマンドです．通常，こういうコマンドは，どのユーザでも使えるようにはしないはずです．

図7（b）をよく見ると，ユーザpiは27（sudo）というグループにも所属していることがわかります．

ラズパイでは，sudoグループに所属するユーザはsudoコマンドを使えるように設定されています．つまり，ユーザpiはsudoコマンドを使えます．

● **ラズパイの特性に合わせて設定されている**

少し古い書籍やブログ記事などを見ると，ラズパイでもGPIOを操作するときなどにsudoコマンドを使っていました．

複数ユーザで1つのラズパイを共有しないこと，ハードウェアの操作を頻繁に行うこと，といったラズパイの特性を考えて，最近になって設定が変更されたのだと思います．

---

column▶01　セキュリティ強化のためユーザpiのパスワードは必ず変更する

永原　柊

　本書では，ユーザpiのパスワードをデフォルトのまま使っています．そのため，ネットワーク経由でラズパイを使う機能であるSSHを有効にすると，図Aのような警告が表示されます．

　パスワードをデフォルトの状態でラズパイをインターネットに接続すると，狙われたら数分で乗っ取られるでしょう．SSHを有効にして運用する場合はもちろん，そうでなくても予測不能なパスワードに変更してください．

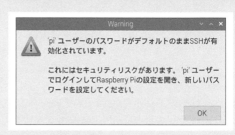

図A　ユーザpiのパスワードをデフォルトとして使用したときの警告メッセージ

第21章 性能に劣るマイコンが重宝される理由

ラズパイが不得意なこと… タイミング制御

永原 柊 Shu Nagahara

ここまで，いろいろな機能をシェル・スクリプトやPythonスクリプトで使ってきました．細かいことを気にせず，簡単なプログラムで動かせ，しかもプログラムを部品化して再利用できるなど，ラズパイの良さを体感できたと思います．

このように使い勝手の良いラズパイですが，注意が必要な場合もあります．本章では，ハードウェアの制御で問題になりやすい，タイミングの精度について説明します．

先に結論を書くと，ラズパイで正確なタイミングを制御するのは難しいです．マイコンやハードウェアを外付けして解決するのが簡単だと思います．

1 タイミングの問題をRCサーボモータ制御で確認する

ラズパイでRCサーボモータを制御してみます．ここで考えるRCサーボモータは，制御信号としてパルス信号を与えると，パルス幅に応じた角度まで回転します（図1）．信号のパルス幅が一定であれば，サーボモータは決まった角度にピタッと止まります．パルス幅がばらつくと，サーボモータの回転角度もふらつくことになります．

実験では，PWM周期が20 ms，パルス幅が1 msと

なるように制御します．なお，この実験は，参考文献(1)から引用したものです．

● Arduino Unoの場合

マイコン基板の代表として，8ビット・マイコン基板のArduino Unoで動作を試しました．

制御信号をオシロスコープの蓄積モードで観察したものを図2(a)に示します．波形を見ると，パルス幅

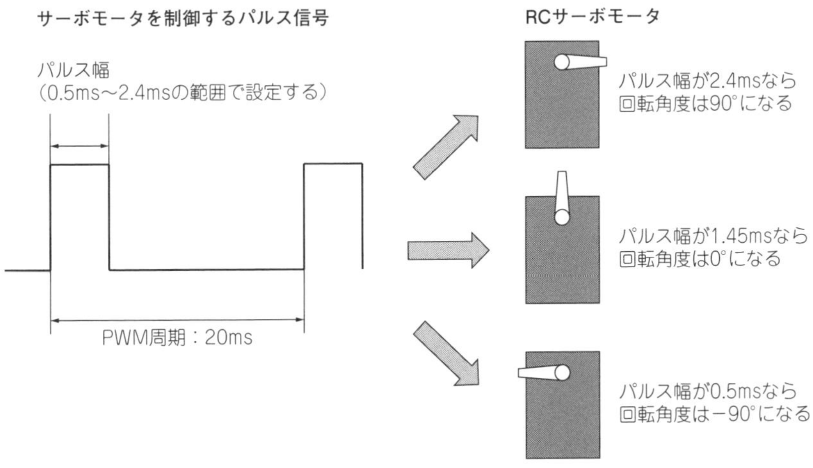

サーボモータを制御するパルス信号

パルス幅
(0.5ms〜2.4msの範囲で設定する)

PWM周期：20ms

RCサーボモータ

パルス幅が2.4msなら
回転角度は90°になる

パルス幅が1.45msなら
回転角度は0°になる

パルス幅が0.5msなら
回転角度は−90°になる

図1　RCサーボモータはパルス幅で回転角度が決まる
PWM周期やパルス幅の設定は製品により異なる．ここでは，SG−90(Tower Pro)の値を例に説明する

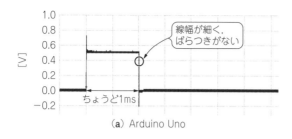

（a）Arduino Uno

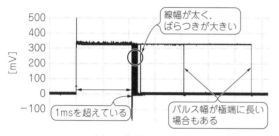

（b）ラズベリー・パイ

図2 1msのパルスを出力してみたところ（蓄積モードのオシロスコープで確認した）
マイコンの性能はラズパイのほうが高いのだが，パルス幅を1msでそろえることはできていない

がちょうど1msになっています．

また，パルスの立ち上がり，立ち下がりの両方とも波形の線幅が細く，タイミングのずれがほとんどないことがわかります．実際にサーボモータを動かすと，1msに対応する回転角度でピタッと静止しています．

● ラズパイの場合

一方，ラズパイで同じことを試した結果を図2(b)に示します．波形のようすが全く異なります．

まず，パルス幅が1msより長くなっています．パルスの立ち上がりの線幅は細いのですが，立ち下がりは線幅が太く，タイミングにばらつきがあります．

さらに，極端にパルス幅が長い場合があります．実験した中では，1msを指定しているのに3msを超える場合がありました．

実際にサーボモータを動かすと，Arduino Unoに比べると回転角度が微妙に変化し続け，時に大きく回転するという不安定な動きになりました．

リスト1 リアルタイム性能をチェックするためのサーボモータ制御プログラム

```
void setup() {
  pinMode(13, OUTPUT);
}

void loop() {
  while (1) {
    digitalWrite(13, HIGH);
    delayMicroseconds(1000);    ← 1msのパルスを
    digitalWrite(13, LOW);        出力する
    delay(19);
  }
}
```

（a）Arduino Uno用

```
#include <wiringPi.h>

#define GPIO18   18

main(int argc, char *argv[])
{
    if (wiringPiSetupGpio() == -1) return 1;
    pinMode(GPIO18, OUTPUT);

    for (;;) {
        // 1ミリ秒の幅のパルスを出力
        digitalWrite(GPIO18, 1);
        delayMicroseconds(1000);
        digitalWrite(GPIO18, 0);

        //残り19ミリ秒待つ
        delayMicroseconds(19000);
    }
}
```

（b）ラズベリー・パイ用（wiringPiライブラリの delayMicroseconds関数を使用）

● それぞれの制御プログラムを確認する

使用したRCサーボモータ制御プログラムの主要部分をリスト1に示します．Arduino Unoとラズパイどちらのプログラムも，「GPIOに1を出力して，1ms待って，GPIOに0を出力し，残り19ms待つ」という処理を繰り返しています．

ラズパイで実行したプログラム［リスト1(b)］は，wiringPiというライブラリを使って，C言語で書きました．間違いようがないくらいシンプルなプログラムであり，記述内容もArduino Unoとほぼ同じです．

このように，同じようなプログラムを実行しても，ラズパイではタイミングの精度が高くないことがわかります．

2 マルチタスクで動いているプログラムを見る

ラズパイで正確なタイミングを制御するのが難しい理由として，マルチタスクで動いていることが関係していると考えられます．

ここでは，直感的に理解しやすくするために，極端に簡略化して説明します．実際にラズパイ内で行われていることと異なる部分があることはご了承ください．

● psコマンドを使うと実行中のプログラムの個数がわかる

マルチタスクとは言うものの，ラズパイではプログラムを何個くらい実行しているのでしょうか．実行中のプログラムを見るには，psコマンドを使います．

```
ps
```

psコマンドをオプションなしで実行すると，現在のターミナルで実行しているプログラムが表示されます［図3(a)］．

psコマンドでは，実行中のプログラムを1つあたり1行で表示します．つまり，実行中のプログラムの個数は，psコマンドの表示行数を見ればわかります．

ここでは，シェルであるbashと，まさに実行中のpsコマンドが表示されています．この2行だけなので，このターミナルでは2個のプログラムを実行しています．

● 実行中の全プログラムを表示する

現在のターミナルに限定せず，さらに他ユーザが実行しているプログラムも含めて，実行中の全部のプログラムを見るには，psコマンドにauxオプションを付けて実行します．

```
ps aux
```

すると図3(b)に示すように，大量のプログラムが表示されます．ラズパイはこれだけ多くのプログラムを実行していることになります．

行数を数えればプログラムの個数がわかるのですが，あまりにも行数が多すぎて，目視で確認するのは大変です．

● 実行しているプログラムの個数を数える

psコマンドの出力の行数を数えれば，実行中のプログラムの個数がわかります．行数を数えたい場合は，wcコマンドを使います．このコマンドは，標準入力から読み込んだ行数，単語数，文字数を数えて表示します．次のように入力すれば，行数がわかります．

```
ps aux | wc
```

実行結果を図3(c)に示します．psコマンドは1行目に各列の見出しを表示するので，実行中のプログラムの個数は行数から1を引けばわかります．この例では158個です．何度か試してみると，150〜170個ほどのプログラムを実行しているようです．

```
pi@raspberrypi:~ $ ps
  PID TTY          TIME CMD
 1276 pts/0    00:00:00 bash
 1306 pts/0    00:00:00 ps
```

(a) psコマンドをオプションなしで実行すると現在のターミナルから実行中のプログラムが表示される

```
pi@raspberrypi:~ $ ps aux
USER       PID %CPU %MEM    VSZ   RSS TTY      STAT START   TIME COMMAND
root         1  0.9  0.2  33832  8176 ?        Ss   20:34   0:04 /sbin/init spla
root         2  0.0  0.0      0     0 ?        S    20:34   0:00 [kthreadd]
root         3  0.0  0.0      0     0 ?        I<   20:34   0:00 [rcu_gp]
root         4  0.0  0.0      0     0 ?        I<   20:34   0:00 [rcu_par_gp]
root         5  0.0  0.0      0     0 ?        I    20:34   0:00 [kworker/0:0-ev
root         7  0.0  0.0      0     0 ?        I    20:34   0:00 [kworker/u8:0-e
root         8  0.0  0.0      0     0 ?        I<   20:34   0:00 [mm_percpu_wq]
root         9  0.0  0.0      0     0 ?        S    20:34   0:00 [rcu_tasks_rude
〜〜〜〜〜〜〜〜〜〜〜〜〜〜〜〜〜〜〜〜〜〜〜〜〜〜〜〜〜〜〜〜〜〜〜〜〜〜〜
pi         946  0.0  0.0  69400 25560 ?        SLl  20:35   0:00 /usr/lib/mozc/m
pi         974  0.0  0.1  49728  6252 ?        Sl   20:35   0:00 /usr/lib/gvfs/g
root      1179  0.0  0.1  24592  6604 ?        Ss   20:35   0:00 /usr/sbin/cupsd
root      1180  0.0  0.2  40496  8908 ?        Ssl  20:35   0:00 /usr/sbin/cups-
root      1269  0.0  0.1  12240  6376 ?        Ss   20:37   0:00 sshd: pi [priv]
pi        1275  0.0  0.0  12240  3520 ?        S    20:37   0:00 sshd: pi@pts/0
pi        1276  0.0  0.0   5040  3564 pts/0    Ss   20:37   0:00 -bash
root      1291  0.0  0.0      0     0 ?        D    20:37   0:00 [kworker/u8:3+b
root      1300  0.0  0.0      0     0 ?        I    20:39   0:00 [kworker/2:2-mm
root      1301  0.0  0.0      0     0 ?        I    20:40   0:00 [kworker/1:0-ev
root      1302  0.0  0.0      0     0 ?        I    20:41   0:00 [kworker/3:0]
root      1303  0.0  0.0      0     0 ?        I    20:41   0:00 [kworker/0:1-ev
pi        1307  0.0  0.0   6340  2444 pts/0    R+   20:42   0:00 ps aux
```

多数のプログラムが実行中であることがわかる

(b) psコマンドをauxオプションを付けて実行すると実行中の全プログラムが表示される

単語数　文字数

```
pi@raspberrypi:~ $ ps aux | wc
    159    1875   14590
pi@raspberrypi:~ $
```

行数が表示される．1行目は見出し行なので，1を引いて158個のプログラムを実行中

(c) 実行中のプログラム数はpsコマンドの出力の行数を数えればわかる

図3 ラズパイで実行中のプログラムの数を確認する
実行中のプログラムを一覧表示するにはpsコマンドを使う

③ シングルタスクの環境ではどのようにプログラムを実行するのか

　Arduino Unoはシングルタスクなので，基本的にプログラムを1つ実行します．

　それをここでは**図4**のように表現します．CPUを窓口，実行するプログラムは窓口に来る客として表しています．

　シングルタスクでは，客は窓口の前にべったり張り付いています．今回の1 msのパルスを出力する場合でも，「GPIOに1を出力」→「1 ms待つ」→「GPIOに0を出力」する処理を，窓口を独占して行います．

　1 ms待っている間は無駄に思えますが，シングルタスクでほかにすることがないので，これで良いということになります．

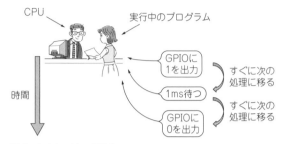

図4　Arduino Unoの場合
プログラムはCPUを占有できるので，次々に処理を進められる

④ ラズパイのようなマルチタスクの場合はどのように実行するのか

　一方，ラズパイはマルチタスクです．先ほど見たように，160個ほどのプログラムを実行しています．そうすると，Arduino Unoのように1 ms間や19 ms間，窓口に張り付いてボーッと待つ，という無駄が許されなくなります．

　ラズパイ内でマルチタスクでプログラムを実行するイメージを**図5**に示します．ラズパイ4は4コアなので，この図の例えで言えばCPUの窓口が4つありますが，ここでは説明を簡単にするために窓口を1つにしています．マルチタスクで実行中プログラムが多くなると，待ち行列ができます．

　CPUは1つのプログラムを実行し，残りのプログラムは実行待ちの列に並びます．それぞれのプログラムは短い時間実行すると，次のプログラムに順番を譲って，実行待ちの列に並び直します．これを繰り返すことで，複数のプログラムを同時に実行しているように見えます．

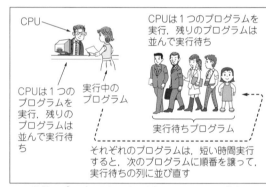

複数のプログラムを同時に実行しているように見える

図5　ラズパイ(Linux)のマルチタスク処理のイメージ
実行するプログラムがCPUの数より多いので，各プログラムを少しずつ切り替えながら実行する

5 ラズパイで 1 ms のパルスを出力するイメージ

ラズパイで時間を待つ場合，**図6**のような流れになります．

(1) プログラムはCPUに，GPIOに1を出力することを伝えます．CPUはGPIOに1を出力することを指示します．

(2) 次にプログラムは1ms待ちを伝え，CPUはタイマに1ms測定開始を指示します．

(3) 実行中のプログラムはすることがなくなったので，CPUを開放して呼び出し待ちエリアに移動します．CPUは次のプログラムの実行を開始します．タイマは1ms測定を続けています．

(4) 1msが経過すると，プログラムはタイマから呼び出されます．

(5) 呼び出されたプログラムは実行待ちプログラムの待ち行列の末尾に並びます(ここが私たちの現実の窓口と異なるところである．私たちは窓口から呼び出されると窓口に行くが，ラズパイ内では実行待ちの行列の末尾に並び直す)．

(6) プログラムは窓口まで来たら，CPUに，GPIOに0を出力することを伝えます．CPUはGPIOに0を出力することを指示します．

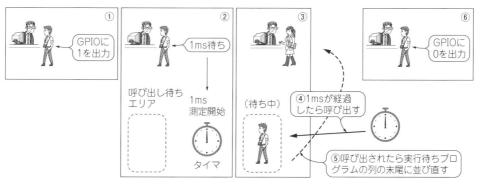

図6 ラズパイで1msのパルスを出力するイメージ
多数のプログラムを動かすため，譲り合いながら実行する

6 なぜラズパイではパルス幅がばらつくのか

タイマから呼び出されるところ(**図6**の④)までは,正確に1 msが経過しています.もしここでGPIOに0を出力できれば,おそらく1 msのパルスを出力できるように思います.

しかしラズパイ内では,プログラムが待ち行列の末尾に並び直します(**図6**の⑤).こうなると,待ち行列の長さによって,GPIOに0を出力する(**図6**の⑥)までに必要な時間がばらつくことになります.

(a) 並び直したとき,実行待ちプログラムがほかにない場合,すぐに続きを実行できるので,1msのパルスを出力できる

(b) 並び直したとき,実行待ちプログラムが多い場合,パルス幅がどうなるか予想できない

図7 パルス幅がばらつくイメージ
図6の⑤で,呼び出し待ちエリアから並び直したとき,実行待ちプログラムの列の長さや処理内容でパルス幅が影響を受ける

つまり,待っているプログラムがなければ**図7(a)**のようにすぐにGPIOに0を出力できますが,多数のプログラムが待っていると,GPIOに0を出力できるのがいつになるかわかりません[**図7(b)**].これをパルスの波形で見ると**図8**のようになります.**図7(a)**の場合と**図7(b)**の場合とで,パルス幅が大きく異なってしまいます.

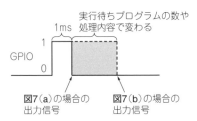

図8 実行待ちプログラムの状況により出力信号が影響を受ける

7 パルスの精度が必要な場合はどうすればよいのか

ラズパイの設定の変更やOSの改造などにより,精度をある程度高めることは可能だと思います.それでも,基本的にラズパイには,このようにタイミングがばらつく特徴があると言えます.

それでは精度が必要な場合にどうすればよいかとい

うと,今回のArduino Unoのようなマイコンか,何かハードウェアを外付けして,精度が必要な処理はそちらに切り出すことをお勧めします.

次章では,実際にマイコンを外付けして動かしてみます.

◆本章の参考文献◆
(1) 永原 柊;IoT時代はラズパイにカチャ!リアルタイム制御コンピュータ初体験, Interface, 2016年12月号, 第1章, pp.28-32.

ラズパイの良き相棒 Pico マイコン入門

永原 柊 Shu Nagahara

前章で説明したように，ラズパイはタイミング制御において精度の高い処理が得意ではありません．一方，シングルタスク動作のマイコンであれば，Arduino Unoに搭載されている8ビット・マイコンでさえ，ラズパイを上回る精度を出すことができます．

本章では，ラズパイにマイコンを外付けして連携動作させ，ラズパイが得意な処理はラズパイで，マイコンが得意な処理はマイコンで行わせてみます．

どのようなマイコンでも使えますが，ここでは Raspberry Pi財団が開発したRP2040マイコンを使います．

ラズパイとマイコンの間は，これまで使ってこなかったシリアル通信で接続します．またマイコン側はフルスペックのPythonが使えないので，マイコン用に軽量化したMicroPythonを使ってプログラムを作成します．ラズパイ側はコマンド・ラインから操作します．

①　ラズパイとマイコンを組み合わせる

図1に示すように，ラズパイとマイコン・ボードを組み合わせて動かしてみます．ここでは，RP2040マイコンを搭載したRaspberry Pi Pico（以降，Pico）を組み合わせます．

実現するのは，前章で見た1 msのパルスを出力する処理です．これを，ラズパイとマイコンの連携で実現します．

といっても，マイコンだけでパルス出力を実現できます．そこで，ここではラズパイからパルス幅を指定すると，マイコンが指定された幅のパルスを出力することに挑戦します．センサから読み取った値から計算したり，ネットワーク経由で指示されたり，といったことによりラズパイがパルス幅を決めると考えること

図1　ラズパイとマイコン・ボードの役割分担
ラズパイがシリアル通信経由でパルス幅をマイコン（マイコン・ボード）に伝え，マイコンは指定された幅のパルスを出力する

にします．

ラズパイとマイコンの接続は，通信できれば何でもよいので，今まで使ってこなかったシリアル通信を使うことにします．

② Raspberry Pi Pico RP2040の特徴

● ハードウェアの特徴

　PicoはRaspberry Pi財団が開発したマイコン・チップRP2040を搭載した，小型のマイコン・ボードです．

　写真1に示すように小型でシンプルなマイコン・ボードです．とても安価で購入できます（4ドル）．

　40ピンDIP形状で，マイクロUSBコネクタがあります．またデバッガを接続するためのSWD端子も用意されています．

　ボード上には，RP2040マイコン，フラッシュ・メモリ，電源回路，ブート・スイッチ（BOOTSEL），ユーザLEDを搭載しています．

　RP2040マイコンは，Arm Cortex-M0+デュアルコアです．マイコン・チップ単体でも販売されています．

● ソフトウェアの特徴

　ラズパイの公式Webサイトを見ると，C/C++ SDKだけでなくMicroPythonが用意されています．ここではMicroPythonを使うことにします．

　MicroPythonの実行環境のバイナリが用意されていて，それをPicoに書き込むと，あとはラズパイとUSBケーブルで接続すればラズパイ上でプログラム開発を行えます．

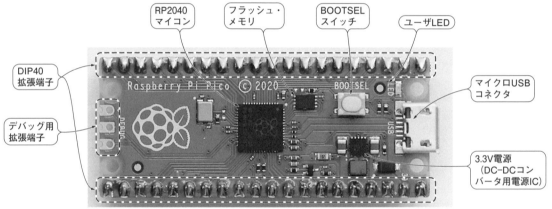

（a）表面：マイコン，メモリ，電源回路などが搭載されている

（b）裏面：こちらには部品が実装されていない

写真1　Raspberry Pi Picoの外観
Raspberry Pi財団が開発したマイコンRP2040を搭載している．小型でシンプル，安価

3 Raspberry Pi Picoの準備

Picoを使って，ラズパイ上でプログラムを開発します．まずはMicroPythonの実行環境を準備します．

● Picoをラズパイに接続する

PicoのBOOTSELスイッチを押しながら，USBケーブルでラズパイに接続します．すると，ラズパイのファイルマネージャからは，PicoがUSBメモリのような外部ストレージとして見える状態になります（図2）．

● MicroPythonの実行環境をダウンロード＆インストールする

MicroPythonの実行環境は，ラズパイの公式Webサイトからダウンロードできます．

ラズパイがインターネットに接続できる状態で，Picoのフォルダ内にあるINDEX.HTM（図2）をWebブラウザで開くと，ラズパイの公式Webサイト内のドキュメント・ページ（[Documentation]-[Microcontrollers]のページ）が表示されます［図3（a）］．MicroPythonの項目をクリックして表示されるWebページ内のリンクから，Pico用のMicroPython実行環境（UF2ファイル）をラズパイにダウンロードします［図3（b）］．

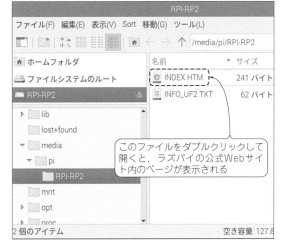

図2 Picoをラズパイに接続する
PicoのBOOTSELスイッチを押しながらUSBケーブルでラズパイに接続すると，ラズパイからはPicoが外部ストレージとして見える

ダウンロードしたMicroPythonのファイルを，図2に示したPicoのフォルダにコピーします（図4）．コピーが終わると，自動的にPicoが再起動して準備完了です．

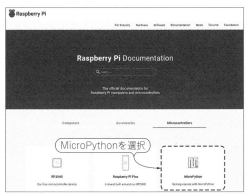

（a）ラズパイ公式Webサイト内のDocumentation-MicrocontrollersのページからMicroPythonを選択する

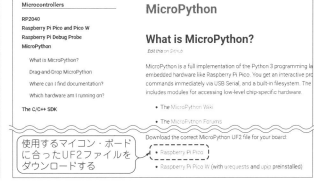

（b）MicroPython実行環境であるUF2ファイルをダウンロードする

図3 Pico用にMicroPythonの実行環境をダウンロードする

ラズパイ上のダウンロード・フォルダ

図4 MicroPythonの実行環境をインストールする
図3(b)でダウンロードしたUF2ファイルを，図2で開いたPico上のフォルダにコピーすると，自動的にMicroPythonのインストールが開始される

4 Raspberry Pi Picoの実行環境を起動する

ラズパイ上でThonny Python IDEを起動します．右下にある実行環境を選択する部分(ここでは「Python 3.7.3」となっている)をクリックして，表示されたメニューの中から「MicroPython（Raspberry Pi Pico）」を選択します［**図5(a)**］．これにより，ラズパイ上の開発環境とPicoが接続されます．

すると，画面下部にある「Shell」の部分の表示が図5(b)のように変わります．「MicroPython v1.17: Raspberry Pi Pico with RP2040」などと表示され，MicroPythonが動いていることがわかります．つまり，ここに入力するとUSB経由でラズパイからPicoに伝わり，MicroPythonで処理されて，結果が逆向きに戻ってきて表示されます．

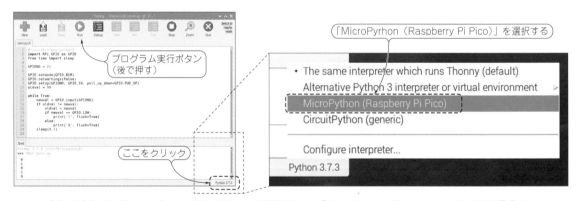

(a) ラズパイ上のThonny Python IDEの画面で，実行環境として「MicroPyrhon（Raspberry Pi Pico）」を選択する

(b) (a)の操作を行うと開発環境がPicoと接続され，PicoにインストールしたMicroPythonのメッセージが表示される

図5 ラズパイ上の開発環境をPicoおよびPico上のMicroPythonと接続する

⑤ Raspberry Pi PicoボードでLチカしてみる

MicroPythonでプログラムを作成します．まずはPicoボード上のLEDを点滅させてみます．

● LED点滅プログラムの作成

リスト1に示すLED点滅（Lチカ）プログラムを入力します．

入力したプログラムを保存しようとすると，図6（a）のようなダイアログが出ます．これは，プログラムの保存先（ラズパイに保存するのか，Picoに保存するのか）を選択するものです．Picoを選択すると，ファイル名を指定するダイアログが出ます［図6（b）］．

ファイル名を付けて保存します．ここではled.pyというファイル名にします．拡張子.pyは自動的につきません．自分で明示的に入力する必要があります．

ファイル名を間違って付けてしまったときは，図6（b）のダイアログで削除します．新しくプログラムを作成して（内容は空でもよい）保存を選ぶと図6（b）のダイアログが出るので，ファイル名を右クリックして，

図6（c）のように表示されるメニューから削除を選びます．

● プログラムの内容

リスト1の内容はLED点滅だけなので，処理としては簡単ですが，今までに使わなかった要素が出てきます．

1行目のimportでmachineを指定しています．これは，ハードウェアに関連する機能が集められたモジュールです．マイコン向けのMicroPythonらしいモジュールです．

4行目のPinでLEDにつながるGPIOの番号を指定しています．PicoではGPIO25にLEDがつながるので，Pinの引き数に25を指定します．

● 実行するとPicoボード上のLEDが点滅する

正しくファイルを保存できたら，開発環境の実行ボタンを押すと，Picoボード上のLEDが点滅します．

リスト1 MicroPython版のLチカ（LED点滅）プログラム
MycroPythonでは，machineモジュールにハードウェア関連の機能が集められている

```
1  from machine import Pin          ハードウェア関連の機能を集めたモジュール
2  import time
3
4  led1 = Pin(25, Pin.OUT)          GPIO25（Picoボード上のLEDにつながっている）に
5  while True:                       led1という名前を付けて，出力モードで使う
6      led1.value(1)                 GPIO25に出力する（1でLED点灯，0でLED消灯）
7      time.sleep(0.5)
8      led1.value(0)
9      time.sleep(0.5)
```

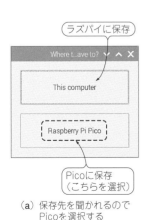

（a）保存先を聞かれるのでPicoを選択する

（b）ファイル名を指定して保存する

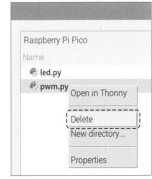

（c）ファイルを削除する場合は（b）の保存ダイアログでDeleteを選ぶ

図6 作成したMicroPythonプログラムをPico上に保存する

6 Raspberry Pi Picoとラズパイをシリアル通信で接続する

　ここからは，本題のパルス出力を行います．ラズパイからパルス幅を指定し，Picoで，指定された幅のパルスを出力します．

　ラズパイからPicoにパルス幅の指示を送るために，シリアル通信を使うことにします．

　ラズパイとPicoでシリアル通信を行うために，双方のRXピンとTXピンをそれぞれ接続します．具体的には，ラズパイの拡張端子の10番ピン（GPIO15，RX）をPicoの6番ピン（GP4，UART1 TX）に，ラズパ

イの拡張端子の8番ピン（GPIO14，TX）をPicoの7番ピン（GP5，UART1 RX）に接続します（図7）．これ以外に，ラズパイからPicoにプログラムの実行を指示するために，USBケーブルでも接続しています．

　なお，この実験ではPicoがシリアル通信で送信することはありませんが，汎用性を考えて送受信の両方とも接続しました．

　実験のようすを写真2に示します．

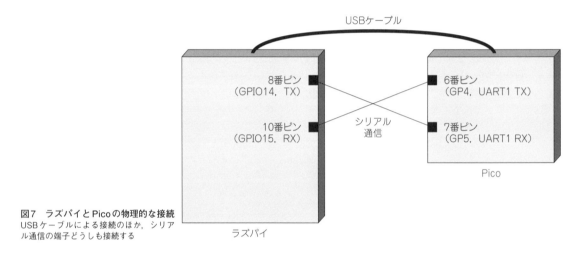

図7　ラズパイとPicoの物理的な接続
USBケーブルによる接続のほか，シリアル通信の端子どうしも接続する

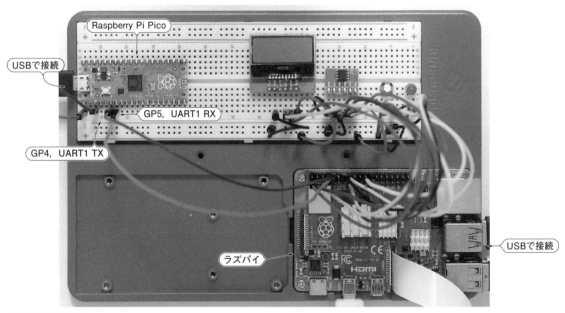

写真2 実験のようす
ラズパイとPicoの間を，USBケーブル（写真には写っていない）およびジャンパ線で接続している

⑦ パルスを出力するプログラムを作る

作成するプログラムを**リスト2**に示します.

● machineモジュールを使用する

1行目で，シリアル通信に使用するmachine.UARTと，パルス出力のために使用するmachine.PWMについて記述しています.

● シリアル通信の設定

4行目で，machine.UARTの初期設定を行います.引き数について説明します.最初の引き数1は使用するUART番号(UART1番)を，2番目の引き数は通信速度115200 bpsを，3番目と4番目の引き数は送受信に使うGPIO番号を指定します.

● PWM出力機能の利用

5行目で，パルス出力に使うmachine.PWMの初期化を行っています.ここでは使用するGPIO番号だけを指定しています.

6行目で，PWMの繰り返し周波数を指定しています.ここでは20 ms周期を想定しているので，50 Hzを指定します.

7行目で，パルス幅を指定します.ここでは初期値として0を指定しています.

● メイン・ループ

9行目以降がメイン・ループです.10行目で，UARTから1行読み取ります.もしシリアル通信で何

かを受信していれば，readlineは受信データを返します.何も受信していない場合，readlineはNoneを返します.受信している場合でも，何も受信していない場合でも，readlineは受信待ちを行わずにそのときの状況を返します.

11行目では，Noneと比較して，何か受信したかどうか判断しています.受信していれば12行目に進みます.

12行目はデバッグ用です.受信したデータを表示します.readlineが返す受信データは文字列型ではなく，byte型というバイナリ・データ列です.そのため，10行目でreadline関数から返された値は，byte型ということがわかるように，bという変数に入れました.

13行目では，受信したbyte型の値をいったん文字列型に変換して，末尾に付いている改行記号を取り除き，整数に変換して変数nに代入しています.

14行目では，受信した整数nを使って，パルス幅を指定しています.duty_nsではパルス幅をns(ナノ秒)単位で指定しますが，今回の使い方では細かすぎるので，ラズパイからはms単位で指定するものとします.なお，14行目でパルス幅を設定するまでは，以前に指定した幅のパルスを，20 msごとに出力し続けています.

15行目では，シリアル通信から何かを受信したかどうかに関わらず，0.1秒待ちます.その後，9行目以降のメイン・ループを繰り返します.

リスト2 Picoのパルス出力プログラム
シリアル通信でパルス幅を受信して，その幅のパルスを出力する

```
1   from machine import PWM, Pin, UART
2   import time
3
4   uart1 = UART(1, 115200, tx=Pin(4), rx=Pin(5))
5   led1 = PWM(Pin(0))
6   led1.freq(50)
7   led1.duty_ns(0)
8
9   while True:
10      b = uart1.readline()
11      if b is not None:
12          print(b)
13          n = int(str(b, 'utf-8').rstrip('\r\n'))
14          led1.duty_ns(n*1000)
15      time.sleep(0.1)
```

UART1を使ったシリアル通信を設定する
(通信速度115.2kbps，GPIO4が送信端子，GPIO5が受信端子)

PWMを利用してパルス出力を行う
[20ms周期(50Hz)，GPIO0からパルス出力，パルス幅の初期値は0]

シリアル通信から受信する

何か受信できたら真

受信データを表示(デバッグ用)

受信データを数値に変換
(strで受信データを文字列に変換，rstripで文字列末の改行文字を削除，intで文字列を数値に変換)

受信した値をパルス幅として設定

8 パルス出力プログラムを実行する

● Pico上でプログラムを動かす

リスト2をPicoに保存してラズパイ上の開発環境で実行すると，Pico上でそのプログラムが動きます．これを実行した状態で，ラズパイ上でパルス幅を指定します．

● ラズパイの操作方法

ラズパイ上では，コマンド・ラインから通信速度を設定した後，パルス幅を指定します．

図8に示すように，sttyコマンドで通信速度115200を/dev/serial0というファイルに設定します．このコマンドは，シリアル通信のさまざまなパラメータを設定するコマンドです．ラズパイではシリアル通信のデフォルトは9600になっているので，115200にします．

次にechoコマンドで，パルス幅を表す1000を書き込みます．これでPicoに1000が送信されて，開発環境のShellウィンドウにも1000が表示されます（図9）．

/dev/serial0というファイルは，ラズパイにいくつかあるシリアル通信の0番を表します．ラズパイでは何でもファイルとして扱おうとしており，シリアル通信の場合も，この考え方は同じです．/dev/serial0というファイルも実体がなく，実際にはシリアル通信ドライバにつながっています（図10）．

コマンド・ラインからserial0ファイルに書き込むと，シリアル通信ドライバからシリアル通信のハードウェア0番を経由して，シリアル通信でPicoに伝わります．

図8 ラズパイのコマンド・ラインからパルス幅を指定する
sttyコマンドでラズパイのシリアル通信の通信速度を115200にした後，シリアル通信でパルス幅1000を送信する．通信速度の設定はラズパイ起動後に一度行えばよい

column 01 readlineを実行するタイミングによってはパルスが出ないことがある

永原 柊

本文のリスト2はPicoでreadlineを実行するタイミングによってはうまくいかない場合があります．

readlineは本来，改行がくるまで読み取り続けると思っていましたが，途中で読み取りを終了することがあります．例えばラズパイから1msのパルス幅である「1000」を送ったとして，Pico側でreadlineが「10」まで読み取ったタイミングで読み取りが終了すると，次のような状態になります．

(1) Picoは「10」を受信したので，その値でパルス幅を設定し，sleepで0.1秒待つ．つまりこの

0.1秒間は10 μsのパルスが出力される．

(2) Picoが実行を再開してreadlineを実行すると，残った「00改行」を受信する．この値に基づいてパルス幅0を出力する．つまり，次のパルス幅の指定が来るまではパルスを出さなくなる．

この解決方法としては，例えばreadlineが返す値をそのまま使うのではなく，Noneを返すまで受信し続けて，Noneを返したらそれまでに受信したデータを連結してパルス幅を求める，といった案が考えられます．これは読者への課題とします．

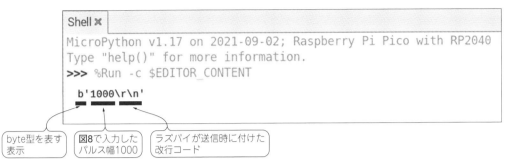

図9 Picoが受信したデータをデバッグ用に開発環境で表示したところ
ラズパイが送信時に改行コード（¥r¥n）を付けている．MicroPythonでは`readline`でbyte型データとして受信するので，受信データは先頭にbyte型のbが付いている

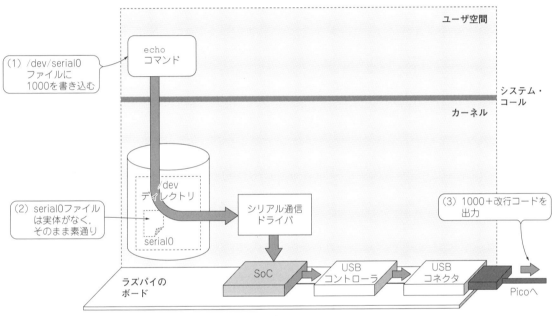

図10 ラズパイからPicoにパルス幅を指示するときのラズパイ内部の動作
/dev/serial0というファイルに書き込むと，シリアル通信ドライバに伝わって送信される

⑨ パルス出力を測定する

● パルスの測定結果

リスト2のプログラムを動かして出力を測定してみます．

ラズパイから1 msのパルス幅を指定して，Picoでパルスを出力した測定結果を**図11**に示します．測定機器の関係で蓄積モードになっていませんが，パルス幅は安定していて，ちょうど1 ms幅になっています．

このように，ラズパイが1 msという目標値を指定して，マイコン側で正確に制御する，という役割分担がうまくいっていることがわかります．

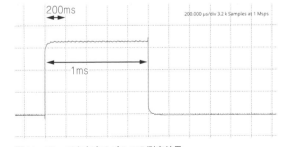

図11 Picoが出力するパルスの測定結果
正確に1 msのパルスが出力されている

ラズパイの世界　ハード&ソフト　I ─ O 制御の基本　よく使うI ─ O　カメラ&ネット

実用的に動かす

185

column▶02　ラズパイと組み合わせてタイミング制御に使える ほかの拡張ボード

永原 柊

Raspberry Pi財団から，ラズパイの拡張ボードである「Raspberry Pi Build HAT」（**写真A**）が発売されています．これはLEGO Technicのモータやセンサを接続できるボードです．このボードを見ると，マイコンRP2040を搭載しており，シリアル通信でラズパイと接続できるようになっています．

ほかにも類似の商品として，Seeed社の「GrovePi+」（**写真B**）があります．こちらはマイコンとしてArduino Unoと同じAVRマイコンATmeaga328を搭載しており，やはり細かいタイミング制御が必要な機器の接続に使います．

このように，ラズパイとマイコンを組み合わせて使うのは，それぞれの長所を生かせるので良い考え方だと思います．

RP2040
マイコン

ラズパイ接続用
コネクタ

（a）表面

（b）裏面

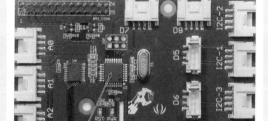

ラズパイ接続用コネクタ

AVRマイコン

写真A　「Raspberry Pi Build HAT」の外観
Picoと同じRP2040マイコンを搭載している

写真B　Seeed社の拡張ボード「GrovePi+」の外観
Arduino Unoと同じAVRマイコンを搭載しており，Arduino開発環境でマイコンのソフトウェアを開発できる

◆本章の参考文献◆
（1）永原 柊；IoT時代はラズパイにカチャ！リアルタイム制御コンピュータ初体験，Interface，2016年12月号，第1章，pp.28-32.

第23章

A–D変換制御…Picoを組み合わせるもう1つのメリット

アナログ信号を
ラズパイに取り込む

永原 柊 Shu Nagahara

外付けマイコンとの連携で，パルス出力以外の活用方法を考えてみます．

ラズパイにはユーザが利用できるA-D変換機能がありません．そこで，マイコン内蔵のA-D変換機能を利用して，その変換結果をラズパイで受け取ることを考えます．

ここではマイコンからラズパイにデータを渡すことになります．

マイコンとしてRaspberry Pi Pico（以降Pico）を使います．一般的な機能だけを使っているので，ほかのマイコンでも同様に実現できるはずです．

ラズパイとPicoの接続は，前章と同様にシリアル通信を使います．また，A-D変換の簡単な回路を追加します．

① ラズパイとマイコンをシリアル通信でつなぐ

● Raspberry Pi Pico側の回路

図1のように，シリアル通信（UART）の接続に加えて，31番ピンのA-D変換端子（ADC0）に半固定抵抗をつなぎました．Picoの36番ピンの3.3V出力と，33番ピンのAGNDを電源として使っています．

実験のようすを写真1に示します．

● ラズパイからA-D変換開始の指示を出す

ここではラズパイからA-D変換開始の指示を出します．具体的には「adc」という文字列を送ります．

Picoが指示を受けると，A-D変換を実行して結果をラズパイに返します．ラズパイから1回指示を出すと，Picoが1回結果を返すやりとりになります．

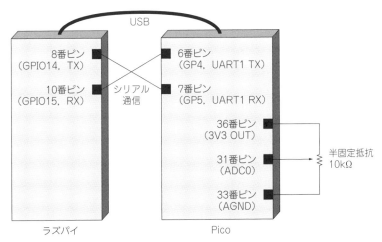

図1 ラズパイとPicoの接続
PicoのA-D変換端子に半固定抵抗をつなぐ

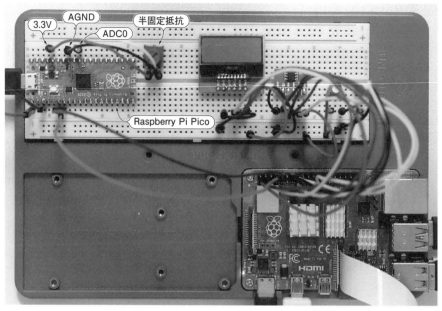

写真1 実験のようす
PicoのA-D変換端子に半固定抵抗をつないで実験中

2 Raspberry Pi Pico側のプログラムを作成する

　本章では，Pico側とラズパイ側の両方でプログラムを作成しました．Pico側は引き続きMicroPythonを，ラズパイ側はPythonを使います．

　Picoで実行するプログラムをリスト1に示します．A-D変換を使うために，ADCをインポートしています．これを使って，ADC(0)でADC0端子のA-D変換を有効にしています．

　基本的なプログラムの構造としては，前章と同じで

す．ラズパイからの入力を受け取って文字列を抽出し，adcであればA-D変換を実行します．

　実行したA-D変換の結果は，read_u16で16ビットの整数として読み取れます．

　A-D変換結果をラズパイに送るために，文字列に変換して改行文字を追加し，encodeでバイナリ・データにして送信しています．

リスト1 MicroPython側のA-D変換プログラム
ラズパイから"adc"という指示が送られてきたら，A-D変換を実行して結果を送り返す

```
1  from machine import Pin, ADC, UART
2  import time                          （A-D変換機能を使うためにADCをインポートする）
3
4  uart1 = UART(1, 9600, tx=Pin(4), rx=Pin(5))
5  ad0 = ADC(0)                         （ADC0端子につながるA-D変換機能を使う）
6
7  while True:
8      b = uart1.readline()             （ラズパイからadcという文字列を受け取った場合に，
9      if b is not None:                 A-D変換を実行する）
10         cmd = str(b, 'utf-8').rstrip('\r\n')
11         if cmd == "adc":             （A-D変換を実行して，結果を変数nに代入する）
12             n = ad0.read_u16()
13             print(n)                 （デバッグ用）
14             uart1.write((str(n)+'\r\n').encode())  （A-D変換結果をラズパイに送信する
15     time.sleep(0.1)                   （数値を文字列に変換したものに改行を追加して，
                                          encodeでバイナリ・データとして送信する）
```

③ ラズパイ側のプログラムを作成する

ラズパイで実行するプログラムを**リスト2**に示します．ラズパイ側では，シリアル通信を使うには`serial`モジュールをインポートします．

残りの基本的な考え方はPico側のプログラムと同様です．adcという文字列を送って，応答を受信して，表示します．

どちらのプログラムでも，改行文字を付けたり外したりしています．これは受信に使っている`readline`が改行が来るまで受信し続ける，という仕様になっているためです．送信側では改行を付けて送信し，受信側ではその改行を外す，ということを行っています．

リスト2　ラズパイ側のA-D変換プログラム
1秒ごとに"adc"という指示をPicoに送り，返ってきた結果を数値に変換して表示する

```
1   #!/usr/bin/env python3
2
3   import serial
4   from time import sleep
5
6   uart0 = serial.Serial('/dev/serial0', 9600)
7
8   while True:
9       uart0.write('adc\r\n'.encode())
10      while True:
11          b = uart0.readline()
12          if b is not None:
13              n = int(str(b, 'utf-8').rstrip('\r\n'))
14              print(n)
15              break
16          sleep(0.1)
17      sleep(1)
```

- ラズパイではシリアル通信を行うには`serial`モジュールを使う
- /dev/serial0で通信する
- A-D変換開始を指示する文字列「adc」に改行文字を追加して，encodeでバイナリに変換して送信する
- このループでPicoからの応答を受け取る
- シリアル通信で，改行文字までを受信する
- 受信データを数値に変換（strで受信データを文字列に変換，rstripで文字列末の改行文字を削除，intで文字列を数値に変換）
- 受信した値を表示する
- Picoからの応答を受け取るループから抜ける（9行目から繰り返す）

④ ラズパイとマイコンのプログラムを実行する

両方のプログラムを実行して動作確認します．そのようすを**図2**に示します．

まず，ラズパイ上の開発環境のウィンドウから，**リスト1**のプログラム（adc.py）をPico上で実行します．このプログラムはラズパイからadcという指示が来るまで指示待ちになります．

その状態で，ラズパイのターミナルから，**リスト2**のプログラムをラズパイ上で実行します．

リスト2を実行すると，ラズパイは1秒ごとに"adc"という指示をPicoに送ります．するとPico側でA-D変換を行って測定値を表示するとともに，その値をラズパイ側に返します．ラズパイ側では，測定値を受け取るとそのまま表示します．

結果として，1秒ごとにPico側とラズパイ側で測定値が表示されます．もちろんその値は一致しています．

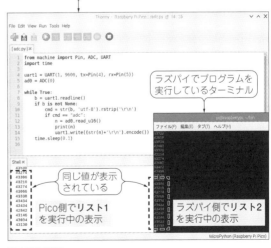

- Picoでプログラムを実行している開発環境
- ラズパイでプログラムを実行しているターミナル
- 同じ値が表示されている
- Pico側で**リスト1**を実行中の表示
- ラズパイ側で**リスト2**を実行中の表示

図2 実行結果
Picoで測定した値をラズパイに送信して表示しているので，ラズパイとPicoで同じ数値が表示され，通信できていることがわかる

役にたつエレクトロニクスの総合誌

トランジスタ技術

■トランジスタ技術とは

トランジスタ技術は，国内でもっとも多くの人々に親しまれているエレクトロニクスの総合誌です．これから注目のエレクトロニクス技術を，実験などを交えてわかりやすく実践的に紹介しています．毎月10日発売．

Twitter @ToragiCQ

https://twitter.com/toragiCQ

Facebook @ToragiCQ

https://www.facebook.com/toragiCQ/

公式ウェブ・サイト

https://toragi.cqpub.co.jp/

メルマガ

https://cc.cqpub.co.jp/system/contents/6/

SNS など

学生＆新人エンジニアのための

トラ技Jr. （トラギジュニア）

■トラ技ジュニアとは

トラ技ジュニアとは，エレクトロニクス総合誌「トランジスタ技術」の小冊子で，学生さん・新人エンジニアさんに無料で配布しています．申し込んでいただいた先生に郵送しますが，社会人やバック・ナンバー希望の方は，オンライン購入することも可能です．1・4・7・10月の10日に発行しています．
無料配布の申し込みはこちらから．

https://toragijr.cqpub.co.jp/about/#sec02

Twitter @toragiJr

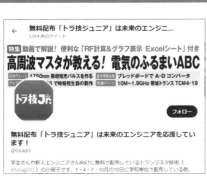

https://twitter.com/toragiJr

Facebook @toragiJr

https://www.facebook.com/toragiJr/

SNSなど

公式ウェブ・サイト

https://toragijr.cqpub.co.jp/

メルマガ

トラ技ジュニア 便り＋

https://cc.cqpub.co.jp/system/contents/12/

ラズパイ I/O 制御 図解 完全マスタ

編　集	トランジスタ技術SPECIAL編集部	2023年7月1日発行
発行人	櫻田 洋一	©CQ出版株式会社 2023
発行所	CQ出版株式会社	（無断転載を禁じます）
	〒112-8619　東京都文京区千石4-29-14	
電　話	販売 03-5395-2141	編集担当者　島田 義人／平岡 志磨子／上村 剛士
	広告 03-5395-2132	DTP　美研プリンティング株式会社／株式会社啓文堂
		印刷・製本　三晃印刷株式会社
		Printed in Japan

定価は裏表紙に表示してあります
乱丁，落丁本はお取り替えします